当代新闻与传播学系列教材

U0163669

摄影技术基础

（第二版）

傅平　张煜龙　编著

WUHAN UNIVERSITY PRESS
武汉大学出版社

图书在版编目(CIP)数据

摄影技术基础/傅平,张煜龙编著.—2版.—武汉:武汉大学出版社,
2022.9(2023.1重印)
当代新闻与传播学系列教材
ISBN 978-7-307-23289-1

Ⅰ.摄…　Ⅱ.①傅…　②张…　Ⅲ.摄影技术—高等学校—教材
Ⅳ.TB8

中国版本图书馆 CIP 数据核字(2022)第 156586 号

责任编辑:胡国民　韩秋婷　　责任校对:李孟潇　　版式设计:马　佳

出版发行:**武汉大学出版社**　(430072　武昌　珞珈山)
　　　　　(电子邮箱:cbs22@whu.edu.cn 网址:www.wdp.com.cn)
印刷:湖北金海印务有限公司
开本:787×1092　1/16　印张:12　字数:245 千字
版次:2012 年 9 月第 1 版　　2022 年 9 月第 2 版
　　　2023 年 1 月第 2 版第 2 次印刷
ISBN 978-7-307-23289-1　　定价:52.00 元

作者简介

傅 平，武汉大学新闻与传播学院教授，国家高级摄影师，从事影视摄影教学工作近四十年。曾任武汉大学新闻与传播学院国家级实验教学示范中心副主任，现为中国高等教育学会摄影教育专业委员会理事、湖北省高等教育学会摄影教育专业委员会副主席、中国民俗摄影家协会会员、湖北省摄影家协会会员；曾多次获中国高等教育学会摄影教育专业委员会与湖北省教育厅颁发的理论教学奖、优秀指导教师奖、摄影优秀组织奖等奖项。开设"摄影技术基础""新闻摄影""广告摄影"等课程，已发表学术论文30余篇。

张煜龙，武汉学院艺术与传媒学院影视摄影与制作教研室专任教师，国家高级摄影师，毕业于武汉大学新闻与传播学院、东安格利亚大学（University of East Anglia）。湖北省高等教育学会摄影教育专业委员会委员、湖北省摄影家协会会员、武汉市摄影家协会会员。开设"影视广告""无人机航拍"等课程。

前　言

　　《摄影技术基础》是一本以应用能力培养为核心，注重实践操作能力的实践教学教科书，自 2012 年首次出版以来，历经 10 余年的时间，得到了众多高校摄影教师的青睐，影响了广大高校学子和普通读者。

　　本书内容精练、概念清晰、图文并茂，注重实践操作环节，在第一版的基础上，对大量概念性的内容进行了提炼，将理论与实践进行融合，提升并拓展了实操相关的内容。

　　作为一门更新变化发展极为迅速的学科，摄影与科学技术的发展水平密切相关，影像技术与摄影器材发展至今，使得本书第一版的部分内容已渐落伍。例如，近年来无反相机的蓬勃发展，颠覆了传统意义上专业型相机的分类方式，因此第二版内容增写了无反相机与单反相机的对比。此外，第二版还对部分章节进行了归并和删改。

　　作者在书中大量运用自己的摄影作品（200 余幅），并配合相关知识进行一定程度解读，旨在激发读者的摄影兴趣和创作灵感，培养善于思考、能够独立进行摄影创作的当代传媒人才。本书适用于高等院校传媒专业师生使用，也可用于摄影短期培训，还适合摄影初学者作为快速入门的实用教材。

　　摄影技术基础是一门将理论与实践进行融合的基础性课程，其授课目的不仅在于传授摄影理论知识，培养学生较强的动手拍摄能力也是十分重要的目标。一方面，理论可以指导实践，摄影理论是前人通过对长期摄影实践所得出的数据、结论、经验和资料进行分析、概括和总结而形成的。另一方面，摄影的实践又为理论的完善和发展提供了强有力的依据。因此，学习摄影技术基础需要学生正确看待理论与实践的关系，二者就如同人身上的两只脚，要用两只脚走路。

　　摄影技术基础是摄影教学中的一门独立课程。在课程中，学生应进行下列训练：从摄影发展的过程来理解摄影技术基础的重要性；掌握摄影前期拍摄和后期照片制作的基本操作，把握使用相机设备和相关仪器的正确要领；正确有序地开展实践设计（包括选择实践方法、实践条件、所需仪器设备等）；通过查阅书籍、网络有关摄影的文献资料以及有关成像原理的知识来获取更多相关知识。

目　录

第1章　照相机成像原理与摄影术的发展 ························· 1

1.1　针孔成像原理 ·············· 1

1.2　透镜成像原理 ·············· 2

1.3　摄影术的发展 ·············· 3

本章思考与练习 ·············· 7

第2章　照相机的基本结构 ·············· 8

2.1　机身 ·············· 8

2.2　镜头 ·············· 12

2.3　快门 ·············· 27

2.4　对焦 ·············· 35

2.5　取景器 ·············· 37

2.6　机身与暗箱 ·············· 38

本章思考与练习 ·············· 39

第3章　常用的照相机 ·············· 40

3.1　数码相机的概念 ·············· 40

3.2　数码相机的主要功能及操作 ·············· 45

本章思考与练习 ·············· 55

第4章　摄影的曝光、测光与用光 ·············· 56

4.1　曝光 ·············· 56

4.2 曝光三要素 ·· 56

4.3 正确曝光的标准 ·· 60

4.4 估计曝光量 ·· 62

4.5 测　光 ··· 64

4.6 用　光 ··· 71

本章思考与练习 ·· 79

第5章　景深、焦深与超焦距 ·· 80

5.1 模糊圈的概念 ··· 80

5.2 景深的概念 ·· 81

5.3 焦深 ··· 89

5.4 超焦距 ··· 90

本章思考与练习 ·· 92

第6章　摄影的画面构图 ·· 93

6.1 黄金分割法构图 ··· 93

6.2 突出主体 ·· 95

6.3 摄影角度与距离的构图形式 ·· 99

6.4 巧妙利用前景构图 ··· 103

6.5 线性构图 ·· 104

本章思考与练习 ·· 107

第7章　典型的摄影技法 ··· 108

7.1 集体照摄影 ·· 108

7.2 风光摄影 ·· 111

7.3 日出、日落和彩霞摄影 ·· 115

7.4 夜景摄影 ·· 119

7.5 动体摄影 ·· 122

7.6 舞台摄影 ·· 126

7.7 户外人像摄影 ·· 130

7.8 花卉摄影 ·· 134

7.9 儿童摄影 ·· 137

本章思考与练习 ……………………………………………………………… 139

第 8 章　传统摄影 …………………………………………………………… 141

8.1　了解传统摄影的意义 ……………………………………………… 141

8.2　135 相机 ……………………………………………………………… 141

8.3　120 单镜头反光相机 ………………………………………………… 143

8.4　135 单镜头反光相机的功能及操作 ………………………………… 145

8.5　黑白胶片的基本组成 ………………………………………………… 157

8.6　常用的黑白胶卷(负片)类型和尺寸 ……………………………… 158

8.7　黑白胶片的特性 ……………………………………………………… 159

8.8　彩色胶卷的类型 ……………………………………………………… 162

8.9　黑白胶卷的显影 ……………………………………………………… 167

8.10　停显、定影 ………………………………………………………… 170

8.11　水洗与干燥 ………………………………………………………… 170

8.12　放大暗房布局及放大机结构 ……………………………………… 172

8.13　放大步骤 …………………………………………………………… 175

8.14　黑白照片冲洗方法 ………………………………………………… 178

本章思考与练习 ……………………………………………………………… 180

─•◦ 第 1 章 ◦•─
照相机成像原理与摄影术的发展

摄影一词源于希腊语 φϖς（phos 光线）和 γραφι（graphis 绘画、绘图），两字一起的意思是"以光线绘图"。

从概念的角度来说，摄影是指使用某种专门设备进行影像记录的过程，一般我们使用照相机进行摄影。有时摄影也会被称为照相，也就是通过物体所反射的光线使感光介质曝光的过程。摄影与照相，从技术实现的角度看是一致的，但是从所得到的照片价值的角度看，两者又高度不同（见图 1-1）。

关键词：物体 → 照相机 → 曝光 →   不朽（摄影）万古长青、永不磨灭
　　　　　　　　　　　　　　　　→   寻常（照相）过眼云烟、昙花一现

图 1-1　摄影与照相之比较

在数字影像技术高度发达的今天，摄影早已不再是少数人才能触及的专业领域，普通人用手机也可以拍摄照片。但是对于想成为专业摄影师的人来说，要有清醒的认知：摄影家的能力是把日常生活中稍纵即逝的事物、事件转化为不朽的视觉图像。

1.1　针孔成像原理

与摄影术发明紧密相关的一门科学是光学，也就是最早的针孔成像方法。

早在 2300 多年前我国春秋时期的学者墨子就已发现"针孔成像"，阿拉伯人也利用这一光学原理制作暗箱以观察天象。15—16 世纪，这种暗箱传入欧洲，经不断改进后得到了很好的成像效果（见图 1-2）。

我们发现，当来自发光体的光线通过一个小孔时，光屏上会形成一个和景物或者发光体倒立、左右互换了的影像，这就是我们常说的针孔成像原理。针孔成像原理对摄影术的

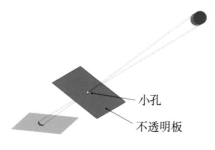

图 1-2　针孔成像

发明起到了直接的促进作用，光学成像就是基于小孔成像这一原理。

1.2　透镜成像原理

照相机的设计同样是受到了针孔成像原理的启发，只是针孔从一般的镜片换成了高质量的镜头，而"焦点平面"换成了感光片或者电子传感器，用以记录影像。

既然针孔可以成像，为什么要换成镜头来成像呢？主要有以下几个方面的原因：

① 针孔虽然可以成像，但限制了入射光的通量。

② 照相机镜头利用了光的折射原理，并且利用凸透镜的可聚光效果，获得摄影感光所需要的光线亮度。

③ 照相机镜头中的凸透镜和凹透镜合理的组合能使得汇聚于焦点平面的影像更为清晰。

透镜是两面为球面或者一面为球面的透明体，通常是由高质量的光学玻璃制成，包括凸透镜和凹透镜两大类。

凸透镜的形状为中间圆、边缘薄，起到汇聚光线的作用；凹透镜的形状为中心薄、边缘厚，起到发散光线的作用(见图 1-3)。

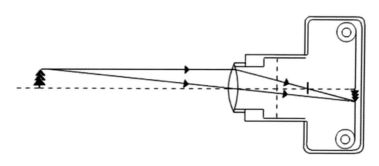

图 1-3　透镜成像

利用针孔或者单片凸透镜是可以结像的，但是这种结像的质量很差，存在严重的像差。所以，现代相机镜头都采用多片的凸、凹透镜组成，从而利用不同类型的透镜的性能互相抵消、减弱像差，以提高结像的质量。我们将这种多片凸、凹透镜的组成称为"透镜片组"（见图 1-4）。

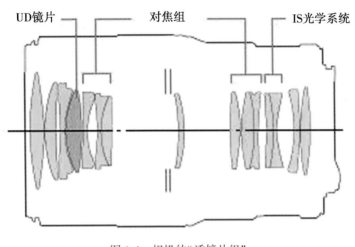

UD镜片　　　对焦组　　　IS光学系统

图 1-4　相机的"透镜片组"

1.3　摄影术的发展

摄影术的发展归根结底是由两个部分的不断发展推动的：成像方式和记录方式。

1.3.1　成像方式

成像方式即结像器材成像的工作原理。几个世纪之前，基于人们对小孔成像和透镜成像的理解，画家使用便携式的"影箱"以帮助他们获得更准确的场景。这种"影箱"当然不能叫做照相机，但确实是照相机的前身。光线通过镜头进入暗箱，被其中的 45°倾斜放置的反光镜向上反射，在顶部的毛玻璃成像，周围有可折叠的遮光罩，画家在毛玻璃上放置一片薄纸，便可描摹图像了（见图 1-5）。

路易·达盖尔（1787—1851）于 1839 年宣布了他的摄影术工艺，并首先进行了商业化照相机的设计，当时的感光版的尺寸为 6.5 英寸×8.5 英寸，该尺寸又叫做"整版"，以后成为标准。基于达盖尔的工艺，出现了滑箱式照相机，内箱可滑动，用来聚焦。这是照相机最早的形态（见图 1-6）。

图 1-5　画家使用"影箱"进行临摹　　　　　　图 1-6　滑箱式照相机

　　1913 年，德国工程师奥斯卡尔·巴尔内克推出 35mm 照相机原形。1924 年，由于照相机制造在徕兹工厂，因此取名叫做徕卡，画面尺寸是 24mm×36mm，后来这个尺寸成为 35mm 静止摄影的标准尺寸(见图 1-7)。

　　1981 年，索尼公司生产出第一架以 CCD 传感器为感光元件的静态视频相机——玛维卡相机，虽然只有 20 万像素的分辨率，但却正式揭开了照相机从化学银盐记录影像向运用光电子元器件进行数字化记录的序幕(见图 1-8)。

图 1-7　初代徕卡相机　　　　　　图 1-8　玛维卡相机

1.3.2　记录方式

　　记录方式即感光材料的作用机制。仅制造照相机进行"结像"是不够的，人类一直在尝试如何将影像永久保存下来，我国宋代文人苏轼所编撰的《物类相感志》中就记述银盐变黑现象。1725 年，德国医学教授约翰·海因里希·舒尔茨发现，将做粉笔的白粉与硝酸银混合于玻璃瓶中，被日光照射的一面变成了黑色，未照光的一面为白色。18 世纪末，英国人托马斯·韦奇伍德将不透明的树叶、昆虫翅膀放在涂有硝酸银的皮革上，在阳光下曝晒后，取下树叶时出现了非常优美的白色轮廓图像，白色部分有感光能力也逐渐变黑了，他虽然没有找到将图像固定下来的方法，但他证实了摄影方法记录成像的可能性。

1826 年，德国石版印刷工人约瑟夫·尼塞福尔·尼埃普斯(1765—1833)，用涂有沥青的合金板放在暗箱中，将镜头对准他工作的室外，经过 8 小时的曝光后，浸入薰衣草油中冲洗，得到了第一幅永久保留下来的影像照片，此法称为"日光摄影法"。由于日光摄影法光敏度特别低，不可能成为实用的摄影方法(见图 1-9)。

图 1-9　《窗外》　尼埃普斯摄

达盖尔在铜板上涂上碘化银，使其感光性能得到很大的提高，而用硫代硫酸钠溶解未感光的银盐就是"定影"；1837 年 5 月达盖尔使摄影成为现实，并命名为"达盖尔摄影法"。1839 年 8 月 19 日，法国科学院与艺术学院正式发表了达盖尔摄影术，这一天被世界公认为摄影术的诞生日(见图 1-10)。

1888 年，美国的 G. 伊斯曼制作了第一台"柯达"相机(使用 6m 长的感光材料，拍 100幅直径 6cm 的圆形画面底片，1889 年改为胶卷——世界上最早的胶卷，见图 1-11)。

图 1-10　《坦普尔大街街景》　达盖尔摄

图 1-11　世界上最早的胶卷

20 世纪 60 年代世界上开始了固体电子学研究活动，1969 年美国贝尔研究所的勃依尔和史密斯首先发表了有关 CCD(Charge Coupled Device)传感器元件的研究报告(见图 1-12)。数码相机的感光媒介——传感器自此诞生，摄影界迎来了数码时代。

图 1-12　传感器元件

本章思考与练习

1. 什么是针孔成像？

2. 既然针孔可以成像，相机为什么要换成镜头来成像？

3. 现代相机镜头为什么要采用多片的凸凹透镜组成？

4. 从记录方式的角度看，摄影术的发展分为哪三个时代？

⊶◉ 第 2 章 ◉⊷

照相机的基本结构

相机的基本结构主要由机身和镜头两部分组成，以佳能(Canon)70D 为例进行介绍。

佳能 EOS 70D 是佳能于 2013 年发布的单镜头反光式数码相机，在相机市场一直拥有比较高的关注度，这是一款汇聚佳能各机型优秀功能的中端非全幅单反相机，也是国内诸多高校教学用机的选项(见图 2-1)。

图 2-1　佳能 70D 产品图

2.1　机　身

单反相机得名于单镜头反光相机，即一个镜头同时用于取景以及拍摄。光线通过反光板射进五棱镜，用于取景。拍摄时反光板抬起，光线打在快门帘后面的感光元件上，就可以成像了。按照相机的部位，可分为机身正面、机身背面、机身肩部、机身底部、机身侧部等。机身上的各种按钮对应不同的功能(见图 2-2 ~图 2-6)。

菜单按钮：按它可以进入相机的菜单设置，相机的大部分设置可以在菜单里完成设置。

内置闪光灯/自动对焦辅助光

减轻红眼/自拍指示灯

快门按钮

遥控感应器

反光镜

手柄

景深预览按钮

镜头卡口

EF镜头
安装标志

EF-S镜头
安装标志

镜头释放按钮

镜头固定销

触点

图 2-2　机身正面

取景器目镜

眼罩

信息按钮

菜单按钮

速控按钮

图像回放按钮

液晶监视器/
触控面板

速控转盘

删除按钮

屈光度调节旋钮

实时显示拍摄/短片拍摄按钮

自动对焦启动按钮

自动曝光锁/
闪光曝光锁按钮/
索引/缩小按钮

自动对焦点
选择/放大按钮

数据处理
指示灯

方向键

设置按钮

多功能锁开关

图 2-3　机身背面

信息按钮：按它可以显示拍摄参数等信息。

取景器目镜：拍照时通过取景器目镜查看画面。

屈光度调节：如果眼睛有近视就要调整这个。

实时显示拍摄：用于开启和关闭相机机背显示屏取景功能，也可用于视频拍摄取景使用。

AF-ON 自动对焦按钮：启动自动对焦功能，并可独立作为对焦时使用。

自动曝光锁/闪光曝光锁按钮：当你半按快门测光时，再按一下这个按钮就会锁定曝光；当内置闪光灯升起的时候，对被摄体对焦，再按下闪光曝光锁时相机会进行预闪，然后计算必需的闪光输出数据并保存在内存中。

自动对焦点选择按钮：按这个键就可以手动选择对焦点了。

放大缩小按钮：查看照片时可以放大缩小照片。

速控转盘：可以通过直观操作直接选择和设定显示在液晶监视器上的拍摄功能。

图 2-4　机身肩部

模式转盘：按住模式转盘解锁按钮，然后转动模式转盘就可以选择曝光模式了。

自动对焦方式选择按钮：可以选择适合拍摄条件或被摄体的自动对焦操作特性。在基本拍摄区模式下，自动为相应拍摄模式设置最佳的自动对焦操作。

图 2-5　机身底部

驱动模式选择按钮：提供单拍和连拍驱动模式。

自动对焦区域选择按钮：可以设定改变自动对焦区域选择。

测光模式选择按钮：可以选择不同的测光模式进行拍摄。

感光度设置按钮：调整感光度高低。

（a）

背带环

存储卡插槽盖

（b）

图 2-6　机身侧部

2.2　镜　头

镜头位于相机的前端，是相机结构中最重要的部件之一，因为它的好坏直接影响到拍摄成像的质量。现代相机镜头大多可以拆卸和替换(见图 2-7)。

图 2-7　佳能单反镜头组

镜头的作用是让被摄景物在焦点平面上结成清晰的影像，也就是使被摄景物在感光片上形成清晰的潜影。

镜头名大致分为 4 个部分：镜头类型、焦距、最大光圈、镜头特性。一般的镜头都是按以上前后顺序排列的，如 EF70-200mmf/2.8L IS II USM。

镜头类型：

EF 镜头：适用于半画幅或全画幅的 EOS 相机，还可以安装到 EOS 胶片相机上。

EF-S 镜头：半画幅单反相机专用镜头。

EF-M 镜头：半画幅微单相机专用镜头。

RF 镜头：全画幅微单相机专用镜头。

其他参数说明：

L 是佳能高档镜头特有的文字标识，通常我们称之为【红圈】，代表防尘、防水滴，以及更优质的镜头素质。

IS 是图像稳定器的简称，意思就是防抖。

USM 是佳能的超声波马达的简称，区别于一般的机械马达，USM 对焦马达迅速、准确、静音。

STM 是佳能步进马达的简称，区别于 USM，STM 主要应用在廉价镜头上，以取代以往的普通马达产品。

未标明马达种类则说明该镜头配备的是普通 DC 马达(直流)或环型马达。

镜头的种类繁多，要想利用好相机，针对不同的拍摄景物达到不同的拍摄效果，我们就需要了解和掌握镜头的几个关键性能指标：焦距、口径和光圈，绝大多数镜头的镜头圈上刻有它们的标记。

2.2.1　镜头的焦距

(1)镜头焦距的概念

镜头焦距是指当相机镜头对准无穷远的位置时，镜头中心到感光片的距离(见图 2-8)。

现代相机镜头焦距的变化幅度在 6~2000mm，在一定条件下焦距可以更长。对画幅相同的相机，在拍摄同一物体时，焦距的变化所带来的成像效果是不一样的(见图 2-9)。

① 焦距与景深成反比：焦距越长，景深越小；焦距越短，景深越大。景深的大小关系到景物纵深的影像清晰度，它是摄影中非常重要的实践问题，我们将在后面详细讨论。

② 焦距与视角成反比：焦距越长，视角越小；焦距越短，视角越大。视角小意味着能远距离摄取较大的影像比例；视角大能近距离摄取范围较广的景物。

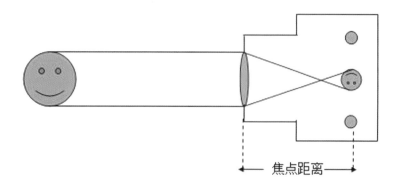

图 2-8　镜头焦距示意图

图 2-9　镜头焦距成像效果

2.2.2　镜头焦距的种类

镜头可分为定焦镜头和变焦镜头两大类。定焦镜头是焦距值固定不变的镜头，如6mm、16mm、50mm、200mm 是四个定焦距镜头的固定值；变焦镜头是焦距值在一定范围内可连续改变的，如：14~35mm、28~70mm、70~200mm 是三个变焦距镜头的焦距（见图2-10）。

定焦镜头　　　　　　　　　　　变焦镜头

图 2-10　镜头焦距类型

镜头的选择在很大程度上取决于拍摄者自己的用途，不存在一种"最好的"镜头。原因是各种镜头都有自身的成像特性和不足之处，都有其擅长的功能和适用性。因此，首先应了解镜头的种类与各种镜头的特性，然后在实际运用中针对自己的需要去配备和选择。

不同镜头焦距的划分和特点：

从实用的角度来说，镜头焦距可划分为标准镜头、广角镜头、鱼眼镜头、中焦、长焦、超远摄镜头（见图 2-11）。

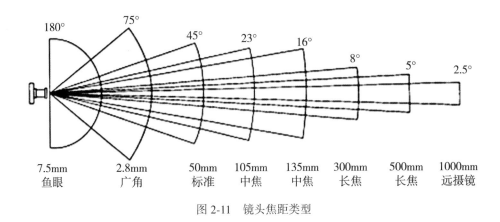

图 2-11　镜头焦距类型

（1）标准镜头

标准镜头是指其焦距长度与所摄画幅对角线长度基本相等的镜头。它的视角与人眼视角基本一致（45°），画面景物的透视关系比较正常，符合人们的视觉习惯，所以应用比较广泛。它适合拍摄人像、风光、生活等各种照片。

要指出的是，对于画幅不同的相机（相机的种类在后面将会讨论），标准镜头的焦距是不同的。

如：135 相机的画幅为 24mm×36mm，标准镜头为 50mm。

120 相机的画幅为 56mm×56mm，标准镜头为 75mm。

直取式相机的画幅为 8 英寸×10 英寸，标准镜头为 300mm。

尽管不同画幅的标准镜头焦距不同，但它们的视角都类同（因画幅不同），都与人眼视角接近（见图 2-12）。

图 2-12　标准镜头拍摄

（2）广角镜头

广角镜头的焦距短于标准镜头，视角也大于标准镜头。如以 135 相机为例，焦距在 30mm 左右、视角在 70°左右称为"广角镜头"；焦距在 22mm 左右、视角在 90°左右称为"超广角镜头"。它适合拍摄新闻照，室内家庭照，风光摄影等（见图 2-13）。

广角镜头的特点：① 焦距短、视角大、拍摄景物范围广；在狭窄的环境中，可以扩大拍摄视野；适合拍摄全景或大场面的照片。

图 2-13　广角镜头拍摄

② 具有渲染近大远小的特点，有夸张前景的作用。

③ 焦距较短，景深较大，拍出的照片远近都很清晰。

④ 影像畸变像差较大，近距离拍摄时应注意影像变形失真的问题。在一般情况下，忌讳在近距离拍人物像，除非是特意需要夸张的效果。

（3）中长焦与超远摄镜头

中长焦和超远摄镜头的焦距长于标准镜头，视角也小于标准镜头。如对 135 相机来说，中焦距镜头约为标准镜头焦距的 2 倍，即焦距在 100mm 左右、视角在 22°左右；长焦距在 200mm 左右、视角在 12°左右；超远摄镜头焦距在 300mm 以上，视角在 8°以下。

它们具有如下特点：① 焦距长、视角小、成像大，而且不易干扰被摄对象。

② 景深范围比标准镜头小，有利于摄取虚实结合的影像，虚化掉杂乱的背景，使主体更为突出。

③ 影像畸变像差小，不会出现变形问题。

④ 拉近画面上的前后物体，减少了物体大小的差别，压缩了画面空间距离，使分散的景物"集中"起来，造成一种特殊的视觉效果。

拍摄注意事项：① 因景深小，对焦一定要准。

② 因镜头重，手持相机拍摄时，可能由于震动，造成影像模糊。所以在选择快门速度时，快门时间的分母，应选择等于或大于该镜头的焦距值。例如使用焦距 200mm 的镜头时，快门时间应选用 1/250 秒以上的快门速度（见图 2-14）。

图 2-14 长焦镜头拍摄

（4）鱼眼镜头

所谓鱼眼镜头实际上是一种极端的超广角镜头，对 135 相机来说是指焦距在 16mm 以下、视角在 180°左右的镜头。它的第一片透镜呈圆球形而向外凸出，因其巨大的视角类似鱼眼而名。鱼眼镜头的拍摄范围极大，能使景物的透视感得到极大的夸张。鱼眼镜头存在严重的桶形畸变，有时也能使画面别有一番情趣(见图 2-15)。

图 2-15　鱼眼镜头拍摄

2.2.3　变焦距镜头

变焦镜头的原理是通过移动镜头内部镜片来改变焦距的位置，在一定的范围内使镜头焦距变长变短、使镜头视角变大变小，从而实现影像的放大和缩小(见图 2-16)。

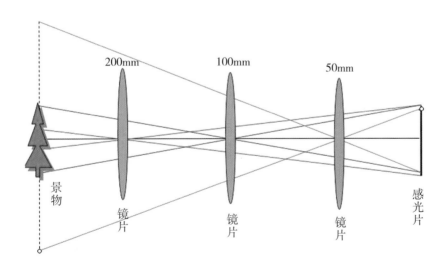

图 2-16　变焦镜头的变焦原理示意图

现代变焦镜头的种类繁多，我们可以从以下三个方面来对其进行选择。

① 变焦功能。如果你的相机只有手动聚焦功能，就选择手动聚焦变焦镜头；如果有自动聚焦功能，就选择自动聚焦变焦镜头。

② 变焦范围。从变焦范围来看，现今种类有 17~35mm 的广角变焦镜头、28~70mm

的标准变焦镜头、70~210mm 的中长焦变焦镜头、200~400mm 的远摄变焦镜头。还有的变焦范围包含广角至中焦范围,如 18~135mm 等。变焦范围的镜头很多,不一定都要配备,而应根据自己的主要用途进行选择。

③ 变焦方式。变焦方式有自动变焦与手动变焦两种。自动变焦在操作时可按下相机上的变焦钮(多属普通级相机),自动控制镜头伸缩,以达到所需变焦范围。手动变焦在操作时需要拍摄者转动或推拉镜头的变焦环来达到所需变焦范围(专业级相机都属此类,见图 2-17)。①

变焦距镜头的优点:一是在一定范围内,可以任意变换焦距,从而得到不同宽窄的视角,不同大小的影像和不同景物范围的画面构图。二是一个变焦镜头兼起若干个定焦距镜头的作用,节省了更换镜头的时间,也减少了携带的数量,给外出摄影带来很大的方便。

变焦距镜头的不足:孔径较小,镜片多,通常受限制;体积大,重量大,稳定性差;成像质量不如定焦距镜头;工艺复杂,成本较高。

图 2-17　单环式与双环式镜头

2.2.4　镜头的口径

通光孔的大小是影响通光亮的直接因素之一。通光孔大则通光量大,反之则通光量

---

① 推拉操作的称为"单环式",即对焦环和变焦环是一体的,便于操作和抓拍有动感的物体,适合拍新闻照。其缺点是由于对焦环和变焦环是一体的,当焦点对实后,前后推拉改变焦距时,焦点有可能改变,从而使应该拍实的主体模糊。

转动操作的称为"双环式",即对焦环和变焦环是分开的,一般情况对焦环在前、变焦环在后,适合拍摄较为静态的物体。一旦将主体的焦点调实后,无论怎样变换焦距,主体始终是实的。其缺点是在操作上多了一个手控动作,既要对焦,且对焦后手又要移到变焦环上来改变变焦范围,不适合抓拍动感物体。当然,如果你的相机有自动对焦功能,这一问题就不存在了。

小。镜头通光量与镜头通光口径的大小呈正比。

（1）口径的概念

镜头的口径也称为"有效口径"或者"有效孔径"，是表示镜头的最大进光孔，也是镜头的最大光圈。

"口径"等于最大光孔直径与焦距的比值。例如：一个50mm焦距的镜头，当它的最大进光孔的直径是28mm时，那么28：50＝1：1.8，用"1：1.8"表示该镜头的口径（见图2-18）。

又如另一个50mm焦距的镜头最大进光孔直径为35mm时，那么35：50＝1：1.4，则用"1：1.4"表示该镜头的口径（见图2-19）。

为了简便，通常把前者的口径简称为"f1.8"，把后者的口径简称为"f1.4"。可见，这种系数越小，口径越大，光圈越大。

图 2-18　口径 1：1.8　　　　　　　　图 2-19　口径 1：1.4

（2）大口径比小口径的优越性强

镜头口径越大，使用的价值越大，主要体现在以下几个方面：

① 可在较暗的光线下手持相机用现场光拍摄。

实例比较：用多个同时50mm焦距，但口径不同的镜头在同一光线下拍摄同一物体得出不同结论（见表2-1）。

表 2-1　不同口径的拍摄结果（在手持相机拍摄的前提下）

镜头序号	焦　距	口　径	所测快门速度	结　论	原　因
镜头一	50mm	f1.8	1/60 秒	可进行拍摄	画面不模糊
镜头二	50mm	f2.8	1/30 秒	勉强可拍	画面轻微模糊
镜头三	50mm	f4	1/15 秒	不能拍	画面完全模糊

② 便于摄取小景深、虚实结合的效果。画面影像的虚实结合是常用的表现手段之一（见图 2-20）。

图 2-20 大口径拍摄使背景虚化

③ 可使用较高的快门速度，这在现场光的动体拍摄时是很有实用价值，可将运动的物体"凝固"（定格）（见图 2-21）。

光圈2.8   1/800秒

图 2-21 大口径拍摄可使快门速度提高从而"凝固"主体 贾连城 摄

2.2.5 镜头的光圈

照相机的镜头中一般都有光圈，光圈是由一组很薄的金属叶片组成，装在镜头的中间

（见图 2-22）。

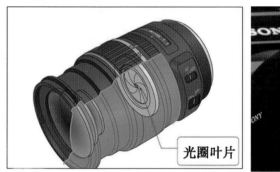

图 2-22　光圈叶片

光圈具有如下作用：

① 调节进光量：光圈可缩小、可放大。缩小时，通光量就小；放大时，通光量就大。调节光圈与快门速度的配合可以满足曝光量的需要（见图 2-23）。

图 2-23　光圈大小的不同带来画面明暗的不同

图 2-23 充分验证了：

光圈的数值越小，光圈孔径越大，进光量越多，画面也就越明亮。

光圈的数值越大，光圈孔径越小，进光量越少，画面也就越灰暗。

② 控制景深效果：这是光圈的重要作用之一。光圈大，景深小；光圈小，景深大。景深的调节是摄影中最重要的技术手段之一，后面的章节将详细介绍（见图 2-24）。

③ 影响成像质量：任何一个相机镜头，都有某一挡光圈的成像质量是最好的，即受各种像差影响最小。这挡光圈俗称"最佳光圈"。一般把镜头的最大光圈收缩三级，就是该

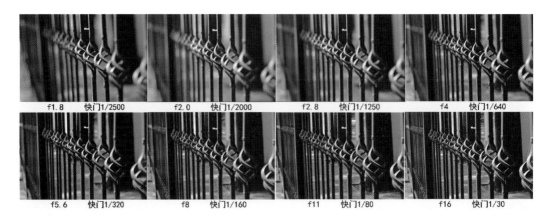

图 2-24　由于光圈大小的不同，带来景深效果的不同

镜头的最佳光圈。

2.2.6　光圈的排列顺序与光圈系数、光孔大小

① 标准全级光圈值尺度，如 f1.8，2.8，4，5.6，8，11，16，22 等(以海欧 2000A 为例)。当然也有其他排列顺序，如 f2-16，f1.4-16，f2.8-22，f5.6-f45 等，但一般一个相机镜头的 f 系数通常只具备其中连续的 7~8 挡。

② 光孔大小。从图 2-25 中可以看到 f 系数越小，光孔越大。

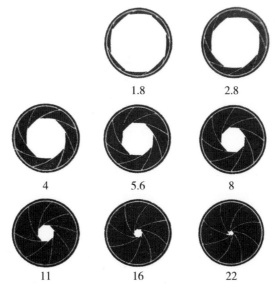

图 2-25　光圈系数与光圈大小

③ 为什么 f 系数越小，光孔越大，反之越小？这是因为光圈系数等于镜头焦距与光孔直径的比值。

$$f=镜头焦距÷光孔直径$$

以 50mm 焦距的镜头举例来套用以上公式就可得出光圈系数(见表 2-2)。

表 2-2　光圈系数对应表

f 系数		镜头焦距		光孔直径
1.8	=	50mm	÷	28mm
2.8	=	50mm	÷	18mm
4	=	50mm	÷	13mm
5.6	=	50mm	÷	9mm
8	=	50mm	÷	6mm
11	=	50mm	÷	5mm
16	=	50mm	÷	3mm
22	=	50mm	÷	2mm

因此，对同一焦距的镜头来说，f 系数的数值越小表示光孔越大；f 系数的数值越大，表示光孔越小。

2.2.7　光圈之间的关系

光圈之间是以"挡"或"级"来表述的，通常所说的"将光圈开大一级"，也就是将光圈拨至比原先光圈高一挡的光圈位置上(即光圈大一挡)。每相邻两挡光圈之间的通光量相差 1 倍，如 f1.8 的通光量相当于 f2.8 的 2 倍，而 f1.8 的通光量等于 f5.6 的 8 倍。对标准的 f 系数的光圈可用"2^n"计算任何两挡光圈通光量的倍率关系。n 为两挡之间相差的挡数。如，f4 与 f8 相差 2 挡，$2^2=4$，这就意味着光圈 f4 的通光量是光圈 f8 的 4 倍；f8 则是 f4 的 1/4。

2.2.8　变焦镜头的恒定光圈和可变光圈

所谓恒定光圈，指的是变焦镜头中从短焦段变焦到长焦段时，其最大光圈值是保持不变的；所谓可变光圈，指镜头的最大光圈在焦距变长时随着自动变小。可想而知，要制造恒定光圈的话，就必须让镜头直径能够随着焦距的改变而改变，这显然要增大制作成本，特别是在长焦段，镜头直径要足够大，才能保持大光圈，所以如果是长焦镜头又有恒定大光圈的话，售价一定很贵。而可变光圈的制作成本就要小得多，可以理解成它的镜头直径基本是一致的，所以在变焦时其光圈才会改变，焦距越长，其光圈就越小，只有在广角端，才能获得它的最大光圈。看镜头的标记就能知道它是恒定光圈还是可变光圈：

如果标记为 70~200mm/2.8，就是说镜头的焦段为 70~200mm，而最大光圈可以保持为 2.8，这是恒定光圈镜头。

如果标记为 18~135mm/3.5~5.6，是说镜头的焦段为 18~135mm，但最大光圈在3.5~5.6，这是可变光圈镜头(见图 2-26)。

尼康70~200mm f2.8

佳能18~135mm f3.5~5.6

尼康P7000 6~42.6mm f2.8~5.6

图 2-26　恒定光圈与可变光圈

恒定光圈的镜头售价昂贵，它的好处是在最大焦距时也能使用最大光圈，通光量大，景深小，可以轻易地进行背景虚化；还能在低照度下使用较高速的快门、使用较低的感光度，从而获得清晰、细腻的图像。

可变光圈的镜头售价低廉，但摄影者必须忍受在长焦端只有小光圈的痛苦，通光量小，在低照度下不能使用高速快门，甚至连安全快门都达不到。手持相机拍摄时不得不使用更高感光度，景深不能得到理想的控制，虚化背景较弱，图像质量要逊色于恒定光圈镜头。

2.2.9　镜头的选择与配备

镜头的配备根据各人的需求不同和经济实力而定。但要遵循以下原则：根据相机级别配备，高级别相机(如全画幅)配高级别镜头，不要配低级别镜头；低级别相机(如半画幅)既可配同级别镜头，也可配高级别镜头。

具体考虑如下：

① 如果你使用的是半画幅相机，又是初学者，建议选择"一镜走天下"的镜头，如18~200mm、18~300mm，这样的镜头都是可变光圈的，变焦范围很大，一只镜头的焦段

足够拍摄 90% 以上的题材。

② 对于提升者，你的相机又是全画幅，应考虑变焦范围易短不易长的品种，建议选择理想的三种镜头配备：14~24mm、24~70mm、70~200mm。

③ 如果你非常注重画面质量，建议选择定焦距镜头，理想的五种镜头配备为：14mm、24mm、50mm、85mm(尼康 105mm)、200mm。

④ 无论是定焦距镜头，还是变焦距镜头，口径越大越好(如 f1.2、f1.4、f2.8、至少是 f/4)。

⑤ 高级别相机，最好选择恒定光圈的变焦距镜头。

2.3　快　门

快门是摄相机中用来控制光线照射感光元件时间中的装置(见图 2-27)。快门开启时，光线就射入感光元件(胶片或 CMOS)上；关闭时，光线就被挡住而不能射入感光元件(胶片或 CMOS)。

图 2-27　单反相机快门组件

2.3.1　快门的作用

① 控制进光时间——这是快门的基本作用，它和光圈配合可以满足曝光量的需要。

快门和光圈一样也有控制进光量的作用。如果把进光量比作水管里的水，光圈就是通过调节水管粗细来控制水量，而快门就如同水管的开关一样，通过调节开关开启的时间长短来控制水量(见图 2-28)。

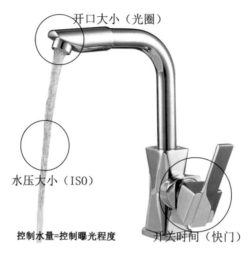

图 2-28　快门如同水管的开关

② 影响成像清晰度——这是快门不可忽视的作用。这一点主要表现在两个方面，一是在进行动体摄影时，把快门速度调慢，可以使运动物体产生强烈的动感效果；二是相机没持稳，即使拍摄静态对象，也会使影像不够清晰甚至虚糊（见图 2-29、图 2-30）。

图 2-29　高速快门定格主体

图 2-30　低速快门使画面产生动感 吴卓原/摄

2.3.2　快门速度的标记

快门的速度单位是秒，相机上常见的标准规范的快门速度标记从慢到快有 30，29，……2，1，1/2，1/4，1/8/，1/15，1/30，1/60，1/125，1/250，1/500，1/1000……1/8000 等。相机快门速度的变化范围越大，就说明此相机的功能越强。现代不少高档相机最高快门速度已达 1/8000 秒甚至以上，快门速度高的相机能把急速飞驰的物体"凝固"下来。

快门除常见的标记外，还有一种特殊的快门，俗称慢门，即标记为"B"门（数码相机慢门标记为"buLb"）和"T"门。所谓"慢门"，就是快门开启到关闭的过程比较慢，时间比较长，而且是人为控制的。一般常见的标记中，较慢的是 1 秒，功能强大的相机也有设定为 2 秒、3 秒、5 秒、10 秒甚至 30 秒。除此之外，如果还需要更长时间的曝光，就要用到慢门了。可想而知，通常在白天拍摄或者在光亮充足的情况下拍摄是不需要用到慢门的，夜间拍摄才使用慢门。

"B"门和"T"门都属于慢门，只是在操作的方式上不同。"B"门是按下快门钮时，快门打开，松掉快门钮时，快门关闭；T 门是按下快门钮时，快门打开，再次按下快门钮时，快门关闭。如此看来，在操作上 T 门要优于 B 门（见图 2-31）。

图 2-31　使用 B 门曝光 1 小时的星轨效果

所以，在实际运用中，我们可以选择不同的快门速度拍摄出不同的画面效果。在光线充足的情况下可以适当提高快门速度来捕捉精彩的瞬间，在暗光环境或者夜晚根据需要延长快门速度，既保证相机足够的曝光，也能达到所需画面效果（见图 2-32）。

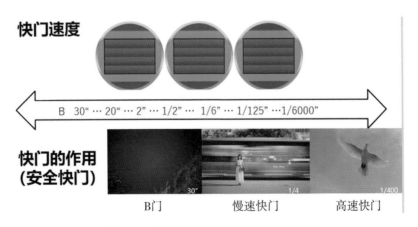

图 2-32　不同快门速度达到不同画面效果

2.3.3 常见的两种快门类型

（1）镜间快门

镜间快门设置于镜头的中间，由多片金属叶片组成。当按下快门钮时，它利用弹簧的弛张使金属叶片从中心向外打开，直至全开后，再合闭。从打开到合闭是可快可慢的，由快门设定的秒值来控制，快门设定得快，金属叶片张开合闭就快；快门设定得慢，金属叶片张开合闭就慢。镜间快门的优点是在闪光摄影的时候，快门速度不受制约，不足之处是高速挡不能快于1/500秒。

（2）帘幕快门

它由前后两块（一般为黑色）帘幕组成，设置于相机焦点平面处，若是胶片相机就紧贴于胶片的前面；若是数码相机就紧贴于传感器的前面。根据设定快门速度的不同数值，使两块帘幕先后启动而产生裂缝大小来实现不同的快门速度。其优点是能达到1/1000秒以上的高速挡；不足是与镜间快门相反，闪光摄影时，快门速度有所制约。

帘幕快门有两种类型，一是"橡胶布帘幕"，二是"金属帘幕"。前者为横向运动，多为中低档相机，后者为纵向运动，多为高档相机。因为金属帘幕具有高精确度、材料质量优良、不易老化、耐高温性强等特性，因而可取得非常高的闪光同步速度（见图2-33）。

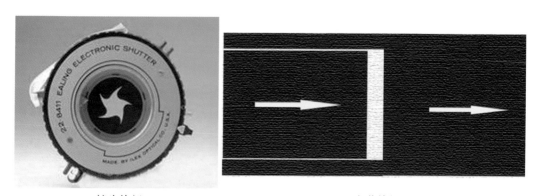

镜头快门 　　　　　　　　　　　　帘幕快门

图 2-33　常见的两种快门类型

2.3.4 常见快门速度标记之间的关系

我们可以看到，快门速度的标记是按从慢到快有序排列的。因此，设定的快门标记越慢，快门打开到关闭的时间就越长，胶片（传感器）接受的曝光量就越多；设定的快门标记越快，快门打开到关闭的时间就越短，胶片（传感器）接受的曝光量就越少。相邻两级快门速度的曝光量相差 1 倍，例如：1/60 秒比 1/125 秒的曝光量多 1 倍；1/1000 秒则是 1/500 秒曝光量的 1/2 倍。

2.3.5　快门与光圈的关系

单独调整光圈或是快门都可以影响曝光。不同光圈和快门的组合可以得到相同的曝光量(见图 2-34)。

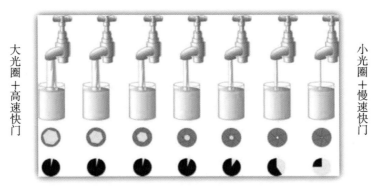

正常曝光好比装满一杯水，相同的光量可以有不同的光圈快门塔配

关键在于，根据具体拍摄需要选择相应的光圈和快门组合

图 2-34　快门与光圈的关系

① 快门速度标记是按从慢到快有序排列：

B···30···1、1/2、1/4、1/8、1/15、1/30、1/60、1/125、1/250、1/500、1/1000···1/8000 秒。相邻两级之间的关系是曝光量相差 1 倍。

② 光圈标记：

f1.8、2.8、4、5.6、8、11、16、22。相邻两级之间的关系是通光量相差 1 倍。

③ 快门与光圈的关系。我们已经知道快门相邻两级之间的关系是曝光量相差 1 倍；光圈相邻两级之间的关系是通光量相差 1 倍。在拍摄时，对胶片(传感器)的感光，快门与光圈是两个不可缺少的重要因素。

快门和光圈在共同控制感光片(传感器)的曝光量方面，是互相配合、互相补偿的关系，即在拍摄同一景物时，光圈小，快门速度应该慢一些；光圈大，快门速度应该快一些，也就是说快门和光圈之间呈比例关系。

所以在实际运用中，我们在对同一物体拍摄时，根据自己的需要可以设定多种"光圈和快门"的组合，从而达到不同的画面效果。也就是说，快门速度和光圈中一方变动，另一方必须进行相应的补偿，从而在保证曝光量正确的基础上，符合拍摄者所需的画面效果(见图 2-35)。

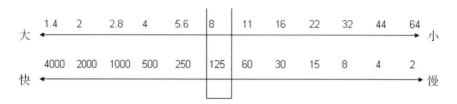

图 2-35　光圈与快门对应组合（相对）

从图 2-35 中可发现，在拍摄某一景物时，如果设定为 f8，1/250 秒取得正确曝光值可以拍摄，除此以外，在它的左边和右边所有相对应的光圈与快门组合值也能达到正确曝光（都可以拍摄）。

例如：

①在拍摄同一物体的前提下，根据拍摄需要改变快门速度（见图 2-36）。

	快门速度	调整方式	光圈	拍摄结果
A 照相机确定的组合：	1/250秒		f5.6	曝光正确
	快门调慢两级	根据快门和光圈之间的比例关系相应地对光圈进行调整	光圈调小两级	
B 拍摄者根据所需效果手动改变快门速度组合：	1/60秒		f11	既曝光正确，也达到拍摄者所需效果

1/250秒　f5.6

1/60秒　f2.8

图 2-36　调整快门速度使其达到动感效果

②在拍摄同一物体的前提下，根据拍摄需要改变光圈（见图2-37）。

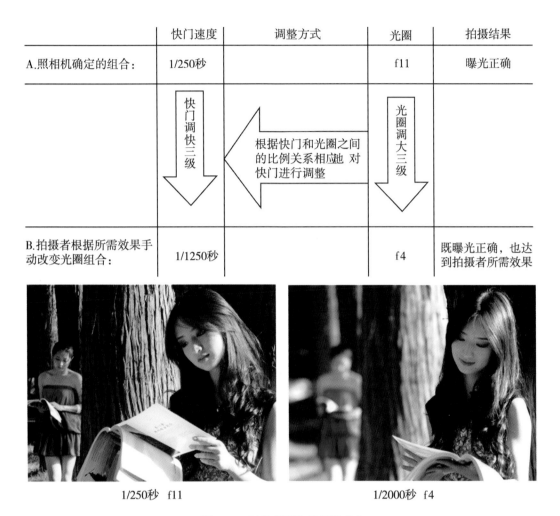

	快门速度	调整方式	光圈	拍摄结果
A.照相机确定的组合：	1/250秒		f11	曝光正确
	快门调快三级	根据快门和光圈之间的比例关系相应地 对快门进行调整	光圈调大三级	
B.拍摄者根据所需效果手动改变光圈组合：	1/1250秒		f4	既曝光正确，也达到拍摄者所需效果

1/250秒 f11   1/2000秒 f4

图 2-37 调整光圈使其背景虚化

2.3.6 拍摄时是先设定光圈还是先设定快门的法则

关于是先设定光圈还是先设定快门，很多摄影者，特别是初学摄影者，对这一问题不知所措。在摄影创作中，这是我们必须考虑的问题，也是鉴别一个拍摄者是否专业的重要环节之一。

相机上的"曝光模式"中有 4 种可供选择：程序（P）、快门优先（S）、光圈优先（A）和手动（M）。如果我们要拍摄出有艺术效果或者说要使画面效果达到自己的意愿，后面 3 种模式是常用的。

法则如下：第一，如果你的拍摄主体是移动的，就应选择快门优先或者手动模式。先设定好了快门值后，光圈会自动作相应的补偿。先设定快门的目的是：根据自己所需效果，要么将快门调快，使主体定格；要么将快门调慢，使主体或陪体虚化（见图 2-38）。

快门1/1000 光圈2.8　　　　　　　　　　快门1/30 光圈2.8

图 2-38　主体定格和虚化对比图

第二，如果你的画面效果主要是考虑景深的大与小，就应选择光圈优先或者手动模式。先设定好了光圈值后，快门会自动作相应的补偿。先设定光圈的目的是：要么将光圈开大，景深调小，使画面背景虚化（这在拍摄人物、局部景物时常用）；要么将光圈缩小，景深调大，从而拉大画面的纵深清晰度（这在拍摄风光景物、大场面时常用，见图 2-39）。

光圈2.8 快门1/800秒　　　　　　　　　　光圈11 快门1/60秒

图 2-39　小景深和大景深对比图

2.4　对　焦

对焦的作用是使被摄体在感光片(传感器)上清晰地结像。相机有"手动对焦"和"自动对焦"两类对焦方式。

2.4.1　传统相机手动对焦的方式

(1)磨砂玻璃式

对焦时，目视磨砂玻璃屏上的影像，然后调节对焦环，清晰时表示对焦准确，虚糊时表示对焦不准。

(2)裂像式

对焦时，目视对焦屏中心的小圆形。小圆形内的直线是平分小圆形的，通过调节对焦环，若被摄体被小圆形的上下两个半圆分裂时，表示对焦不准，当两个半圆将被摄体成一体时，表示对焦准确。

(3)微棱镜式

对焦时，目视对焦屏中小圆形外围与大圆形内围的环带处景物，调节对焦环，若被摄物在环带微棱镜内呈锯齿形破碎状，表示对焦不准，若锯齿状破碎状消失，呈现清晰实像，表示对焦准确(见图 2-40)。

手动对焦　　　　　　　　对焦不准确实例　　　　　　　　对焦准确实例

图 2-40　对焦虚实对照图

(4)重影式

对焦时，目视取景屏中心的黄色小长方形，通过调节对焦环，若被摄物出现虚实双影表明对焦不准，若虚像消失，说明对焦准。

（5）距离刻度式

在一般情况下，照相机的镜头圈上都有距离刻度式对焦指示，它是以英尺和米两种单位显示的，主要用于目测法对焦。距离刻度式指示要做到精确对焦是很困难的（见图2-41）。

图 2-41　距离刻度式

2.4.2　自动对焦

只要是自动对焦的相机，取景屏中央都有一个长方形区域的标记，这就是自动对焦目标区。对于功能强大的相机，这种长方形区域的标记在取景屏范围内设置很多，可用选择器将此长方形的对焦标记任意设定到取景屏其他位置，以便于构图。相机是针对该目标区内的景物部位进行自动对焦的，该目标区的实际范围约为 1mm×2.5mm。所以，它对在取景屏中很小的景物都能达到自动对焦的目的，一般不会发生远近两个物体同时出现在自动对焦目标区内的情况。操作的方法是，先把该目标区对准要对焦的主体，然后轻轻半按下快门钮，即能自动对焦与所摄主体，再全按下快门，即完成这一张的拍摄（见图2-42）。

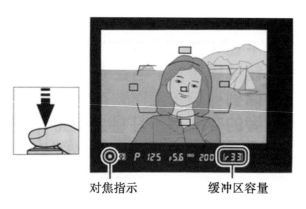

对焦指示　　　　　缓冲区容量

图 2-42　自动对焦示意图

2.5　取 景 器

取景器的作用一是察看被拍摄景物和确定对景物的取舍以便于对焦，二是安排画面的布局和构图。

常见的取景器有以下几种：

2.5.1　俯视取景器

此类取景器多设置于传统 120 相机和中画幅数码照相机上，位于相机正上方。这种取景器在拍摄时可根据需要采用多种持机取景方法，既可端在胸前进行俯视取景，又可将相机置于地面进行俯视取景，观察取景器中的景物都很便利（见图 2-43）。

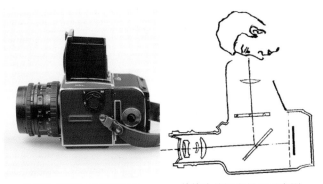

单镜头俯视取景器的相机　　　　单镜头俯视取景器示意图　　　单镜头俯视取景器相机持机方法

图 2-43　俯视取景器示意图

2.5.2　平视取景器

一般来说，传统 135 相机、数码单镜头反光相机以及数码微单在机身后面都安装有平视取景器，拍摄时把取景器紧贴在眼睛上，故称为平视取景器。

此类取景器是把取景和测距功能合在一起，镜头作测距、取景用，又作拍摄用，拍到的画面正好是看到的画面，所以无视差现象。基于这种优点，现代许多相机（包括数码相机）采用这种取景方式或兼有此类取景附件（见图 2-44）。

2.5.3　光学直看式取景器

此类取景器一般由两块透镜组成，一个是凹透镜，对着景物；一个是凸透镜，对着眼

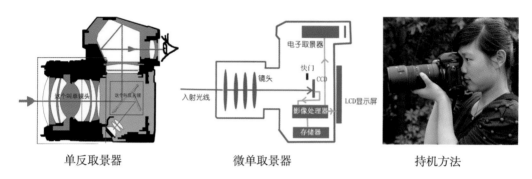

单反取景器　　　　　　　微单取景器　　　　　　　　持机方法

图 2-44　平视取景器示意图

睛。普通传统胶片机和普通数码相机很多是此类取景器。取景指示的特点是在取景屏上有二至四条边框,从而框出取景范围,在框外的景物看得到,但拍不到,只能拍到框内的景物。这种取景器一般位于镜头的左上方或右上方,平视取景,也称旁轴取景器,所以有视差现象,取景时应特别注意(见图 2-45)。

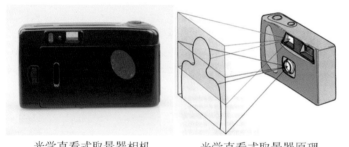

光学直看式取景器相机　　　光学直看式取景器原理　　　光学直看式取景相机持机方法

图 2-45　光学直看式取景器示意图

2.6　机身与暗箱

机身是相机的躯壳,各功能部件由机身来支持,使其成为一体。机身起暗箱作用,能使透过镜头的光线与外界光线隔绝开来,使物像在感光片或 CMOS 上顺利感光。

照相机的种类不同,机身的形状和构造也各有不同。机身的大小,一般取决于所摄底片或 CMOS 的尺寸大小,如 135 相机和全画幅数码的机身多为长方形,120 相机和中画幅的机身则多为正方形。

本章思考与练习

1. 照相机的主要组成部分有哪些？

2. 什么是镜头的焦距？镜头焦距的种类有哪些？

3. 从实用的角度来说，镜头焦距可划分为哪几种，它们各自的特点是什么？

4. 相对于定焦距镜头来说，变焦距的优势和不足有哪些方面？

5. 镜头的作用是什么？

6. 镜头口径的含义是什么？为什么说大口径比小口径的优越性要强？

7. 什么是镜头的光圈？光圈的作用有哪些？同一镜头中光圈系数之间的关系是怎样的？

8. 什么是快门？快门的作用有哪些？快门速度标记之间是什么关系？

9. 快门与光圈之间有什么关系？选取三种不同的曝光组合对同一物体进行拍摄，观察其画面效果有何不同？

10. 何为磨砂玻璃对焦方式？

11. 相机中有哪几种取景方式？

⟶◉ 第 3 章 ◉⟵
常用的照相机

照相机种类繁多，样式和功能各异，本章主要将常见的数码相机部分类别予以简单介绍，并以尼康 D80 为例进行详细讲解。

3.1 数码相机的概念

数码相机是数字技术与相机原理相结合的产物，是对传统摄影体系的一场革命。它采用 CCD—电荷耦合元件(或 CMOS—互补型金属氧化物半导体)作为图像传感器，把光线转化为电荷，再将模拟信号转换成数字信号，并将图像压缩后存储在相机内的存储器内(见图 3-1)。

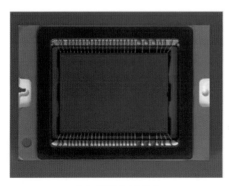

CCD（电荷耦合元件）　　　　　CMOS（互补型金属氧化物半导体）

图 3-1　数码相机

3.1.1 数码相机成像原理简介

数码相机对摄取的影像可起到数码化输入的功能，但它的光学成像系统是和传统相机一样的，只是记录影像的材料不同。传统相机记录影像是用感光材料——胶片，而数码相机则采用 CCD 或 CMOS(影像传感器)接收成像信号，把光线信号转化为模拟信号，再将模拟信号转化成数字信号，最后将图像经压缩存储在相机内的存储器内(见图 3-2)。

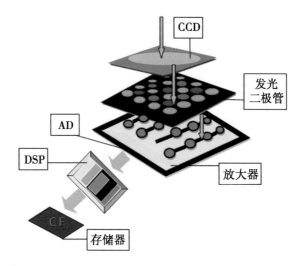

图 3-2　数码相机成像原理

3.1.2　数码相机的类型

数码相机分为家用普及型和高级专业型两大类。此外，手机也是当今数码相机的典型代表，被越来越多的摄影爱好者广泛使用。

(1)数码相机家用普及型

最早普及型数码相机一般为"傻瓜型"，也称卡片相机，即镜头、焦距都是固定的，取景器为平视旁轴，像素只有几十万到百万，后经不断研制创新，发展到 200 万像素、300 万像素、500 万像素的机型，而且具有了 3 倍、4 倍乃至 9 倍的变焦镜头(见图 3-3)。

图 3-3　卡片相机

普及型数码相机的优点：一是小巧轻便，便于携带；二是价格不高，普通消费者都可买得起，适用于旅游、家庭、生活照的拍摄。

其不足是，相对于专业级数码相机而言，CCD芯片面积较小，像素偏低。镜头口径较小，镜头不能更换，变焦范围不够大。

（2）专业型数码相机

所谓"专业型数码相机"是除像素相对较高以外，还具备可更换不同类别镜头的功能，除此之外，专业型数码相机具备各种实用性很强的功能（见图3-4）。

专业型数码相机的特点：

一是专业型数码相机的CCD或COMS芯片较大，承载的像素高。以尼康数码相机为例，从1999年的尼康D-1的274万像素，经过20年左右时间的发展，数码相机在成像质量上得到了急速的飞跃，尼康Z9已达到4571万有效像素的水准。

二是由于专业型数码相机可更换镜头，镜头口径较大，便于创作。

三是配有各种强大的功能，如除自动功能、程序功能，还有手动功能；有较高的快门速度，高达1/8000秒，还有较高的感光度，高达3200°，便于抓拍飞驰的动体；配备有每秒3张、5张、9张不等的连拍装置，适合抓拍新闻。

与此同时，专业型数码相机也有一些不足之处，比如像素越高、功能越多，会导致它的体积越大、体重越大，外出携带不方便。另外，还有价格昂贵等缺点。

图3-4　数码相机

为什么学习摄影要使用专业型相机？

对于普通爱好者而言，专业型相机对普及型相机或手机确实没有质的提升，但是对于"大传媒"方向的专业学生或往职业半职业摄影师方向发展的人而言，学习摄影必须使用专业型相机，原因主要有以下三点：

一是对于数码相机而言，画质的高低不仅仅由像素决定。由于画幅的大小对动态范围、宽容度等指标起到决定性的作用，而决定画幅大小的就是感光元件的大小。专业型相机比普及型相机在画幅上有绝对的优势，因此，专业摄影师必须选择专业型相机。并且在专业型相机里，一个全画幅的相机和一个半画幅的相机相比，优势不言而喻。画幅越大，对应的相机型号市场价格越贵，这也从侧面证明了画幅的重要性(见图3-5)。

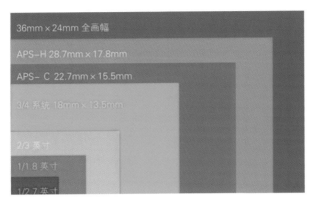

图 3-5　不同感光元件

第二，可更换镜头也是一个重要的优势。根据不同的拍摄题材，专业摄影师可以在对现场环境进行分析和对成片效果进行预判后选择合适的镜头，精准实现拍摄目标，这一点是普及型相机无法相比的。

第三，专业型相机的各项功能更强大，能满足特定的需求。如摄影记者要抓拍新闻事件，对快门速度的要求是非常高的，只有专业型相机才能满足这一需求。

(3)其他类型数码相机

近年来，由于摄影爱好者对器材的需求不断提高，借助制造业的不断升级，诞生了一些新兴的数码相机类型，如航拍无人机、水下相机、全景相机等(见图3-6~图3-8)。

图 3-6　航拍无人机

图 3-7　水下相机

图 3-8　全景相机

3.1.3　单反相机与无反相机

专业型数码相机发展至今，市面上主要有单反相机和无反相机(微单)两大类，相机制造商普遍都生产两种类型的相机，并且在可预见的未来将会继续生产(见图 3-9、图 3-10)。这两类相机各有优势和劣势，下面对这两种相机进行一定的对比分析：

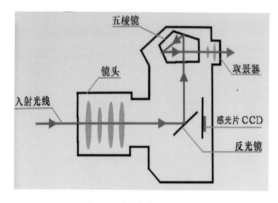

图 3-9　单镜头反光相机

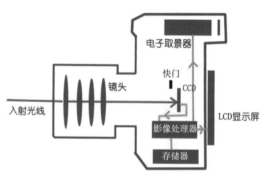

图 3-10　无反相机

如图 3-9、图 3-10 所示，单反相机使用光学式取景，而无反相机使用电子屏取景。单反相机采用的是独立的相位对焦模块，所以仍然要保留反光板结构。相位对焦更加可靠和稳定，速度也非常迅猛，所以单反相机可以满足摄影师的苛刻要求。而无反相机采用的是对比度对焦,它的工作原理很像对场景进行二维扫描,并选择对比较大的地方进行对焦,所以这种方式目前相比相位对焦,在速度和稳定性上都要稍差一些,特别是在拍摄动态和细小的物体时。但是这并不意味着光学式取景就一定优于电子屏取景,比如在弱光下观看场景和图像时,电子取景器的明亮显示效果明显更好。在如今拍摄视频的需求不断扩大的背景下,电子屏取景的数字变焦能力使得在拍摄视频时的跟焦功能表现明显好于光学式取景。

此外,在可拓展性、续航能力、快门噪音等层面,单反相机和无反相机仍然有着很多差异。从近几年的行业现状来看,单反相机仍然在市场上占据主导地位,但是随着无反相机在自身弱项上的不断加强,其发展潜力远大于单反相机。从各大相机厂商的产业布局情况分析来看,未来单反相机的新机发行量将会逐渐减少,取而代之的是无反相机和相关镜头及配件的快速增长。

3.2　数码相机的主要功能及操作

关于数码相机的主要功能及操作,以尼康数码相机 D80(配备 if ED 18-135mm 镜头)为例来讲解(见图 3-11)。

图 3-11　尼康数码相机 D80

3.2.1　模式拨盘

根据不同的场景或拍摄对象类型可选择最优的拍摄模式,只需将模式拨盘旋转至所需设定即可(见图 3-12)。

图 3-12　模式拨盘

（1）P——程序

在该模式下，相机在大多数情况下会自动调整快门速度和光圈以获得最佳曝光。建议在快照和其他由相机控制快门速度和光圈的情况下使用该模式。

若要在自动程序曝光下拍摄照片，请执行以下步骤：

① 将模式拨盘旋转到 P 位置。

② 构图、对焦并拍摄。

（2）柔性程序

在模式 P 下，旋转主指令拨盘可以选择不同的快门速度和光圈组合（"柔性程序"）。所有组合将产生同样的曝光。当柔性程序有效时，控制面板中将会出现一个 p＊指示。若要恢复默认的快门速度和光圈设置，可旋转主指令拨盘直到指示消失、选择其他模式或关闭相机。

（3）凸——自动

此模式是一个自动的"即取即拍"模式，其中大多数设置将由相机根据拍摄条件进行控制。

（4）S——快门速度优先

在快门优先自动曝光模式下，可为快门速度选择从 30 秒到 1/4000 秒之间的值，而相机可自动选择光圈以获得最佳曝光。使用低速快门，通过模糊运动物体可以表现动态效果；使用高速快门则可以"疑固"动作。若要在快门优先自动曝光模式下拍摄照片，执行以下步骤：

① 将模式拨盘旋转到 S 位置。

② 旋转主指令拨盘以选择所需要的快门速度。

③ 构图、对焦并拍摄。

(5)A——光圈优先

在光圈优先自动曝光模式下，可任意调整镜头光圈从最小值到最大值，而相机可自动选择快门速度以获得最佳曝光。小光圈(高 f/-值)可增加景深，将主要拍摄对象和背景都加入景深里。大光圈(低 f/-值)则会虚化背景细节。若要在光圈优先自动曝光模式下拍摄照片，请执行以下步骤：

① 将模式拨盘旋转到 A 位置。

② 旋转副指令拨盘以选择所需要的光圈。

③ 构图、对焦并拍摄。

(6)M——手动

可以自行控制快门速度和光圈，这是摄影创作的最佳模式。快门速度可以设置为 30 秒到 1/4000 秒之间的值，按住快门则可达到更长时间曝光(bulb)。光圈可以设置为镜头最小值与最大值之间的数值。若要在手动曝光模式下拍摄照片，请执行以下步骤：

① 将模式拨盘旋转到 M 位置。

② 旋转主指令拨盘以选择一个快门速度，旋转副指令拨盘则可设置光圈。注意：在电子模拟曝光显示中检查曝光。

③ 构图、对焦并拍摄。

(7)夜间模式[即取即拍模式(数字可变程序)]

用于拍摄夜晚的风景照。内置闪光灯和自动对焦辅助照明灯将自动关闭。

(8)运动物体锁定模式[即取即拍模式(数字可变程序)]

用于"凝固"运动体动作瞬间的拍摄。内置闪光灯和自动对焦辅助照明灯将自动关闭。

(9)近拍模式[即取即拍模式(数字可变程序)]

用于对花朵、昆虫和其他细小物体进行特写拍摄。相机将自动对焦于中央对焦区域中的拍摄对象。使用三脚架，可防止画面模糊。

(10)风景模式[即取即拍模式(数字可变程序)]

用于拍摄生动的风景画面。内置闪光灯和自动对焦辅助照明灯将自动关闭。

(11)人像模式[即取即拍模式(数字可变程序)]

用于拍摄具有柔和、自然肤质感的人像。如果拍摄对象远离背景或使用了长焦镜头，背景细节将被柔化以体现层次上的和谐感。

(12)夜景模式[即取即拍模式(数字可变程序)]

使用低速快门可拍摄出非常美丽的夜景。内置闪光灯和自动对焦辅助照明灯将自动关闭。使用三脚架，可防止画面模糊。

(13)夜间人像[即取即拍模式(数字可变程序)]

在较暗的光线下拍摄人物肖像时，用于主要拍摄对象与背景之间的自然平衡。

3.2.2　闪光灯模式按钮

闪光灯在 P、S、A、M 模式下可强行打开，不需要时也可不打开。在自动模式、人像模式、近拍模式及夜间人像模式下，若现场光的不足将自动打开闪光灯(见图 3-13)。

图 3-13　闪光灯模式按钮

3.2.3　BKT 包围

BKT 包围即指自动曝光包围(Bracket Mode)，是多数数码相机拥有的一种功能(见图 3-14)。在拍摄环境复杂或短时间难以控制好曝光量的情况下，可以使用 BKT 包围。BKT 可以执行曝光包围、闪光包围、白平衡包围三种程序。比如，拍摄一张照片时，当启动曝

图 3-14　BKT 包围

光包围后连续按下三次快门，相机会以欠曝、适中、过曝拍摄三张照片(或设置连拍达到同样效果)，拍摄者可根据自身需要选择个人认为最满意的一张照片。具体操作及执行步骤如下：

① 按住 BKT 按钮，旋转主指令拨盘以选择在包围序列(2 或 3)中的拍摄数量。

② 按下 BKT 按钮，旋转副指令拨盘可从 0.3 EV 到 2.0 EV 之间为包围增量选择数值。

③ 构图、对焦及拍摄。相机将改变每次拍摄时的曝光和闪光级别。在默认设置下，第一张照片将以当前的曝光和闪光灯补偿数值拍摄，随后的照片则以更改后的数值拍摄。若包围序列包括 3 张照片，当拍摄第 2 张时，相机将从当前数值中减去包围增量，而当拍摄第 3 张时将加上包围增量，从而"包围"当前数值。更改后的数值可高于曝光和闪光灯补偿的最大值，或低于它们的最小值。更改后的快门速度和光圈将显示在控制面板和取景器中。当包围有效时，控制面板中将出现一个包围进程指示。在拍摄未更改数值的照片时，指示中的■片段将会消失，以负增量拍摄照片时，▶—指示将会消失，而以正增量拍摄照片时+◀指示将会消失。若要取消包围，按下 BKT 按钮并旋转主指令拨盘，直到包围序列中的拍摄数量为零，这时，控制面板中的 BKT 将会消失。最后有效的程序将在下一次包围激活时恢复。

3.2.4　AF/M(自动对焦/手动对焦的调节)

对焦可自动调节，也可手动调节。可为自动对焦或手动对焦选焦区域，或在对焦后利用对焦锁定功能重组照片(见图 3-15)。

图 3-15　AF/M(自动对焦/手动对焦的调节)

(1)自动对焦(AF)

当对焦模式选择器设置为 AF 时，半按下快门释放按钮，相机将自动对焦。在单区域自动对焦模式下，相机对焦时将发出一次蜂鸣音。在(运动)模式下选择 AF-A，或使用连续伺服自动对焦时，不会发出蜂鸣音(请注意，在 AF-A 自动对焦模式下拍摄移动的物体时，相机可能会自动选择连续伺服自动对焦)。

若镜头不支持自动对焦，或相机无法使用自动对焦进行对焦时，请使用手动对焦(M)。

(2)手动对焦(M)

当镜头不支持自动对焦(非自动对焦 Nikkor 镜头)，或自动对焦不能达到预期结果时，可以使用手动对焦(M)。若要手动对焦，请将对焦模式选择器设置为 M，并调节镜头对焦环，直至取景器中 clear matte 区域内显示的影像在焦点上为止。

3.2.5 测光模式按钮

当需要测光时，按下测光模式按钮，同时旋转主指令拨盘，直至出现所需要的测光模式(见图 3-16)。

图 3-16 测光模式按钮

3D 彩色矩阵测光：大多数情况下推荐使用。相机对画面的广泛区域进行测光，并获得亮度、色彩的自然效果。

中央重点测光：相机对全画面测光，但重点在画面中央区域。

点测光：相机在直径为 3.5mm 的环上进行测光(约为画面的 2.5%)。

3.2.6 AF(自动对焦模式)

自动对焦模式包括 AF-A、AF-S、AF-C。一般调到 AF-A 自动选择，既可对焦于静物，也可对焦于移动物。AF-S，单次伺服自动对焦，用于拍摄静物对象。AF-C，连续伺服自动对焦，用于拍摄移动对象。调节：每按一次 AF，即形成 [AF-A → AF-S → AF-C] 循环（见图 3-17）。

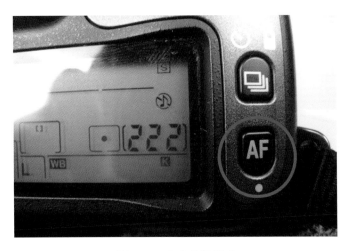

图 3-17　自动对焦模式

3.2.7　MEMU（菜单）按钮

拍摄者可根据需要设定各种模式。大部分拍摄、播放以及设定选项可以通过相机菜单来设置（见图 3-18）。若要查看菜单，请按下 MENU 按钮。使用多重选择器和 OK 按钮，可在相机菜单中进行导航（见图 3-19）。

图 3-18　MEMU（菜单）按钮

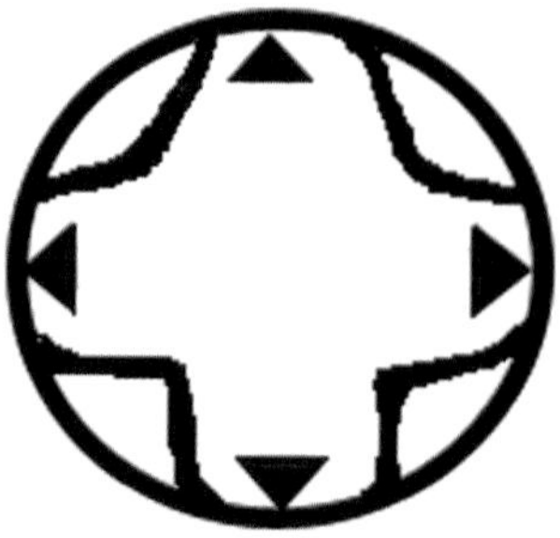

向上移动光标增加数量
返回上一级菜单
显示子菜单
向下移动光标减少数量

图 3-19　选择器

3.2.8　WB(白平衡)按钮

白平衡可确保照片的色彩不受光源色彩的影响(见图 3-20)。在大多数光源下，推荐使用自动白平衡；若有需要，可根据光源类型选择其他值。观察控制面板，按下 WB 按钮，同时旋转主指令拨盘，有以下选项可供选择：

MENU
WB
ISO
QUAL
100NCD80 DSC_0086.JPG
2011/06/03 11:02:26

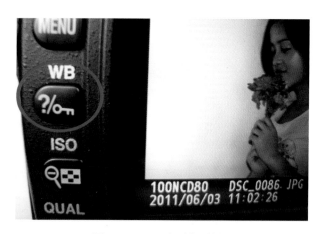

图 3-20　WB(白平衡)按钮

自动：相机自动设置白平衡，在大多数情况下使用。
白炽灯：在白炽灯照明下使用。
荧光灯：在荧光灯照明下使用。
直射阳光：景物处于阳光直射下使用。
闪光灯：闪光灯照明下使用。
阴天：在白天多云时使用。

阴天：在白天景物在阴影下使用。

K：选择色温。

3.2.9　AE-L/AF-L(曝光锁定/对焦锁定)按钮

对焦后可锁定对焦和曝光，以便改变构图。操作过程如下：对焦框对准景物，半按快门按钮不放，同时按下曝光对焦锁定钮。这时移动镜头，将主体放在画面任何位置时，其曝光数值和对焦都不会改变，构图完结后，按下快门摄影即可(见图 3-21)。

图 3-21　曝光锁定/对焦锁定按钮

3.2.10　快门释放按钮

相机有一个两段式快门释放按钮，半按下快门释放按钮时相机进行对焦(见图 3-22)。若要拍摄相片，将其完全按下即可。

图 3-22　快门释放按钮

3.2.11 手动(M)模式下快门和光圈的调整

在控制面板显示快门和光圈数值的同时，取景器内有一个模拟曝光显示供拍摄者观看。如图 3-23 所示，画面中的数值(或画面清晰度)可以显示当前设置下是曝光不足还是曝光过度，以便拍摄者对快门和光圈做相应调整。

图 3-23　手动(M)模式下取景器内快门和光圈的模拟曝光显示

① 将模式拨盘旋转到 M 位置。

② 旋转主指令拨盘以选择一个快门速度，旋转副指令拨盘则可设置光圈。在旋转指令拨盘的同时，可从控制面板和取景器内提示图案中观察到快门和光圈数值的显示变化及图标的变化(见图 3-24)。

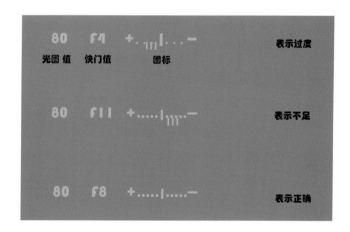

图 3-24　取景器内幕拟曝光

本章思考与练习

1. 数码相机的成像原理是什么？

2. 数码相机有哪几种类型？各有什么特点？

3. 为什么学习摄影要使用专业型相机？

4. 照片画质的高低与什么因素相关？

5. 单反相机与无反相机的区别是什么？

▸◦ 第 4 章 ◦◂
摄影的曝光、测光与用光

影像的再现需要以曝光为前提，而正确曝光又离不开测光。在摄影时，想赋予画面艺术性效果，合理地用光是关键。要想掌握正确的曝光、测光技术，合理地运用不同的光线，使画面尽善尽美，则需要不断地学习和实践。

通过本章的学习，可以正确把握技术上和艺术上正确曝光的内涵；认识曝光正确、过度与不足，熟练掌握各种测光方式和不同光线条件下的拍摄技能。

4.1 曝 光

曝光就是在摄影时使被摄体反射出来的光线有控制地进入镜头，经过聚焦后照射到感光片上，从而使感光片发生化学反应，产生一个潜在的影像。

对于传统摄影来说，曝光是针对胶片而言的，如果相机内无胶片，曝光也无从谈起。胶片感光度(ISO)的快慢，决定着曝光量的多少。控制曝光的装置是光圈和快门，因此，影响曝光的基本因素是：胶卷的感光度、光线的强弱、光圈的大小、快门的速度。要想正确曝光，必须根据胶卷的感光度、光线的强弱来合理地调节光圈大小和快门速度。

4.2 曝光三要素

影响和决定当代数码相机曝光效果的要素有三个：快门速度、光圈大小和感光度，曝光三要素是拍摄一张正常照片的基础，只有理解曝光三要素各自的作用以及彼此之间相互影响的关系，才可以在各类光线环境下拍出曝光正确的照片。

4.2.1 快门

控制进光时间是快门的基本作用，它和光圈配合来才能满足曝光量的需要。快门和光圈一样都有控制进光量的作用(见图 4-1)。

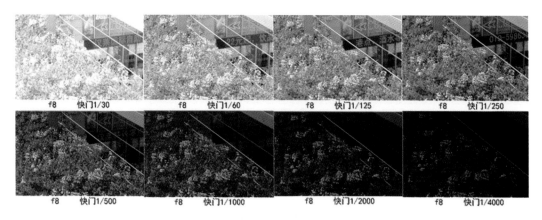

图 4-1　快门快慢的不同带来画面明暗的不同

快门的快慢与画面的明暗具有如下关系:

快门速度越慢,光线通过时间越长,画面越亮。

快门速度越快,光线通过时间越短,画面越暗。

安全快门:一张照片最基本的要求便是画面清晰。想通过手持拍摄的方式拍摄到一张不手震的照片,最简单的方法是快门要够快,但有时快门太快也可能发生曝光不足的情况。所以在经过不断的拍摄摸索后,摄影师们得出了"最慢而又不手震的快门值"理论,这就是安全快门。安全快门定义为快门值不慢于 1/当前镜头焦距 * s。例如,拍摄时当前镜头的焦距是 80mm,那么 1/80s 就是安全快门。

4.2.2　光圈

光圈是一个用来控制光线透过镜头进入机身内感光面光量的装置,通常设置在镜头内,用 f 值来表达光圈大小(见图 4-2)。

光圈数值越大,进光量越小;光圈数值越小,进光量越大。

4.2.3　感光度

感光度,又称为 ISO 值,是指相机感光器件对光线的敏感程度。

传统胶卷相机上 ISO 代表感光速度的标准,在数码相机中 ISO 定义和胶卷相同,代表着 CCD 或者 CMOS 感光元件的感光速度,且被国际标准化组织标准化。ISO 数值越高则说明该感光材料的感光能力越强。

数码相机在拍摄时都要考虑感光度的设置,并有多项共选择:ISO13、25、50、100、

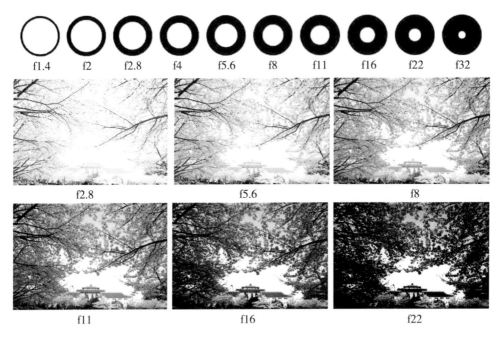

图 4-2　光圈大小的不同带来画面明暗的不同

200、400、800、1600、3200、6400…12800…。感光度之间数值的排列也是有序的，相邻两级之间也成倍率增加或递减，如：ISO200 是 ISO100 的 2 倍。

ISO100、200，俗称适中的感光度(常用)；

ISO400 以上，俗称高感光度范围；

ISO100 以下，俗称低感光度范围；

感光度的主要作用是在弱光环境下保证快门速度(安全快门)以提高照片的亮度(见图4-3)。

ISO100　1/15秒　　　　　　ISO1600　1/250秒

图 4-3　感光度的高低带来画面虚实的不同

感光器件都有一个从低到高提升感光度反应能力的过程，而提升数码相机的 ISO 是通过强行提高每个像素点的亮度或者合并多个像素点的亮度来完成任务的。因此，感光度有一定的副作用，高光度越高，画面的反差越低；噪点越多，色彩饱和度越低（见图 4-4）。

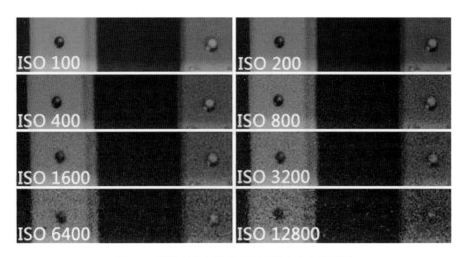

图 4-4 感光度的高低带来画面噪点大小的不同

因此，根据"提高感光度的副作用"的这一不利因素，在现场光线够了的情况下，不要提高感光度。一般正常光亮情况下（白天户外），感光度设置较为适中的范围比较理想，如 100~200 即可（见图 4-5）。

快门1/200s 光圈f/16 ISO160

图 4-5 光线充足选择适中的感光度

在实际拍摄中，如果感觉现场光线不够，或观察到快门速度很低，或要抓取高速运动的物体，这时应根据需要重新设置感光度(见图4-6)。

快门 1/1000s　光圈 f/6.3　ISO1000

图 4-6　为使动体定格选择较高的感光度

4.3　正确曝光的标准

4.3.1　理解和把握胶片的宽容度范围

正确曝光是相对的，在同样的光照条件下，景物的浅色部分和深色部分的反光度不同。要想用胶片正确地表现出物体，浅色和深色部分的曝光量会有所不同。也就是说，在同一拍摄取景范围内，只要物体反光度不同，必然有的部分曝光不足或者曝光过度。那么，在这种情况下，只要我们做到想要表现的主体在胶片宽容度以内，并给予正确曝光，这张照片就可以说是正确曝光了。

4.3.2　技术上的正确曝光

当我们观察一幅照片时，如果照片中的景物过亮，而且亮的部分没有层次和细节，那么这幅照片就是曝光过度；相反，照片较暗、无法真实反映景物的色泽，就是曝光不足。

那么，曝光后经显影、定影处理后的底片，再经过印放冲洗后的照片，影像影调好、质感强、色彩饱和，亮的部分和暗的部分均能细致地表现影级层次，这便称为技术上的正确曝光。

如图 4-7 所示，照片主体部分纹理清晰、粉红色彩饱和、背景暗化，但不失绿色色彩的再现，是一张曝光正确的照片。

如图 4-8 所示，大面积的色彩和景物细节因曝光过度而丢失，没有层次感。

如图 4-9 所示，从主体到背景都暗淡无光，把浅粉色花拍摄成深红色花，而没有体现影像影调、质感差，是一张曝光不足的失败照片。

图 4-7 曝光正确

图 4-8 曝光过度

图 4-9 曝光不足

4.3.3 艺术标准的正确曝光

技术上的正确曝光是一种客观概念。然而在大多数情况下，拍摄者经常是有意识地将被摄对象多曝光或者少曝光，以此来达到自己的表现意图和特殊的画面效果。这种既表达作者的感情、渲染环境气氛，又表现意境的曝光方式，也叫正确曝光，我们称其为艺术标准的正确曝光。这种正确曝光是一种主观的概念。

图 4-10 为表达自己的表现意图而在准确曝光的基础上故意曝光过度或不足的典型例子。

搏斗　陈复礼摄	高调效果
拍摄者故意让主体曝光不足，以制造成一种特殊的剪影效果。剪影在惊涛骇浪、翻滚白云的衬托下，展现出船工们力挽狂澜的场面	故意让湖面曝光过度，而制造成一种新奇的视觉效果

图 4-10　剪影效果和高调效果

4.4　估计曝光量

　　20 世纪 70 年代以前，我国摄影领域运用外置测光表来获取曝光量都很少，更谈不上用照相机和内置测光系统来获取曝光量，摄影师们只能靠经验估计曝光量。但是通过长期的实际体验和估计，他们累积了一整套针对不同照度、不同景物的较为准确的曝光组合。这些估计曝光组合对于当今并非要求有逼真的质感和亮度准确色彩的摄影人来说具有很高的实用价值。

4.4.1　室外曝光量估计

　　室外曝光量的估计可用下表来概括(见表 4-1)。

表 4-1 室外曝光估计表

光 圈 天气　　　景物	湖、海、 云、雪	山河、风光 浅色建筑物	人物近景 一般建筑物	阴影中的 人或物
强烈日光	22	16	11	8
薄云晴天	16	11	8	5.6
多云	11	8	5.6	4
阴天	8	5.6	4	2.8

注：按 ISO100、快门速度 1/125 秒、8 时至 16 时计算。

4.4.2 室内曝光量估计

室内曝光量估计按光线来源，可分为室内自然光曝光量估计和室内灯光曝光量估计（见表 4-2、表 4-3）。

① 室内自然光曝光量估计表。

表 4-2 室内曝光估计表

光 圈 天气　　　距离、朝向	人物面朝窗户 1 米左右	人物背朝窗户 1 米左右
晴	f4	f2

注：按 ISO100、快门速度 1/30 秒计算。

② 室内灯光曝光量估计。

表 4-3 室内灯光曝光估计表

光源功率	25W	40W	100W	200W	500W	1000W
光圈	f1.4	f2	f2.8	f4	f5.6	f8

注：被摄体正面受光、距离光源 2m、ISO100、快门速度 1/2 秒计算。

4.5 测 光

简单地让照相机自动曝光，在大多数场合虽然也能拍出照片，但是，想达到精确化曝光，我们还应该了解有关测光的知识，包括测光装置的工作性能和正确的使用方法。这些远非"瞄准了就拍"那样简单；否则即便使用最高级的相机，也未必能得到最理想的曝光。

现在用的照相机(包括传统和数码)绝大部分有测光功能，所以这里仅对相机自带的测光功能作介绍。

4.5.1 相机测光工作原理

要用好测光功能就应该先了解测光的工作原理。当光线照到物体上，然后反射到相机上，相机上的测光元件就会测出光线的强度，最后给出一组相应的快门和光圈组合值。如果按照这样的组合值进行曝光，照片出来的结果是测光对象在照片中的平均亮度刚好等于18%的灰(见图4-11)。

图 4-11 相机测光按钮

4.5.2 测光显示种类

相机的曝光控制系统的特点是要根据测光的显示，用手动的方式调节曝光组合，以获得适合的曝光量。

曝光控制系统的测光显示主要有以下三种：

① 标头追针显示方式。手动调节曝光组合光圈和快门速度，使追针与测光指针重合。

② 定点重合显示方式。调节曝光组合光圈和快门速度，使指针定位在表示合适的曝光位置。

③ LED(发光二极管)显示方式。一般是在取景器内的边线安置三个 LED，分别表示曝光正确、过度、不足。在拍摄时，通过调节光圈和快门速度，使曝光正确的 LED 点亮，就可保证正确地曝光。

目前相机内测光显示多为 LED 显示方式，而它又有两种形式，中低档相机一般使用三个 LED 显示，高档相机则用多个 LED 显示。如图 4-12 所示：

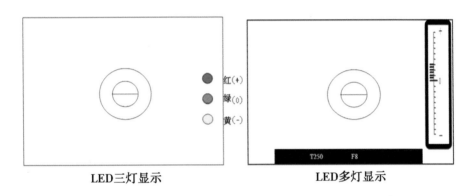

图 4-12　测光显示示意图

LED 三灯显示的操作方法：将镜头对准被摄体，半按快门钮，如红(+)、黄(-)灯亮分别表示曝光过度、不足；调节光圈和快门速度，使绿灯亮，这样就可以保证曝光正确。

LED 多灯显示的操作方法：将镜头对准被摄体，半按快门钮。如"0"至"+"号之间的灯亮表示曝光过度，"0"至"-"号之间的灯亮表示曝光不足，调节光圈和快门速度，使"0"至"+"和"0"至"-"之间的灯熄灭，这样就可以保证曝光正确。

4.5.3　测光模式

现代照相机根据测光元件对摄影范围内所测量的区域范围不同，设置了一种或多种测光模式，低档相机至少有一种测光模式，中高档相机有多种测光模式。测光模式如下：

(1)偏重中央测光模式

这种模式的测光重点放在画面中央(约占画面的 60%)，同时兼顾画面边缘(见图 4-13)。它是目前单镜头反光照相机主要的测光模式，如海欧 2000A 相机就是此类测光模式。

偏重中央测光模式适用于画面光强差别不大的情况，若遇到主体的背景有大面积过亮或者过暗的情况，应使用"近测法"进行测光，即将镜头靠近被摄主体，尽量使其充满画面进行测光；调整好正确的曝光组合后，回到拍摄点，再进行对焦拍摄即可。

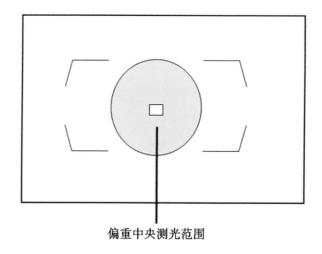

偏重中央测光范围

图 4-13　偏重中央测光范围示意图

（2）点测光模式

在这种模式下，相机仅对 4mm 直径圈（约占画面的 1.5%）进行测光（见图 4-14）。点测光不受画面其他景物亮度的影响，只要将测光区域对准景物就能获取正确曝光的数据。它的优点是当拍摄者远离被摄体的情况下，也能准确地选择局部测光。目前，只有一些高档的照相机才有点测光功能。

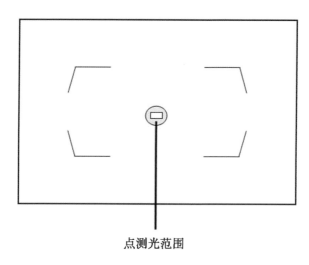

点测光范围

图 4-14　点测光范围示意图

（3）3D 彩色矩阵测光模式

此种测光模式又称"多区综合测光"模式，是一种高级的测光模式。如尼康 F5 和尼康 D3 相机的测光系统采用 5 个测光元件（见图 4-15），分布在画面不同区域，根据亮度的分布、色彩、距离等进行测光。然后经过电脑运算，得出准确的自动曝光数据。它是一种智能化的测光系统，在大多数情况下推荐使用此模式。

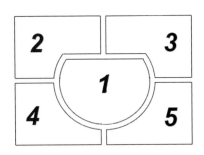

图 4-15　3D 彩色矩阵测光模式示意图

4.5.4　测光方法

现代照相机一般来说都有内测光系统，它为拍摄者提供了可供参考或准确的曝光数据，但是不要以为有测光系统，就能拍出曝光正确的画面，如果运用不当，也会使拍摄失败。下面举例说明正确的测光方法。

（1）亮暗比重相差不大的景物的测光方法

对于亮暗比重相差不大的景物，测光就比较容易。可在拍摄点直接用"偏重中央测光模式"对其测光，并按照测光的结果曝光（见图 4-16）。

（2）亮调子和暗调子的景物的测光方法

所谓亮调子是指被摄体整个画面基本上属于白色状，如白色建筑、雪景、樱花等景物。拍摄时，可用偏重中央测光系统，但要在测光数据的基础上增加 1～2 级曝光量；否则，景物会发灰（见图 4-17a）。

暗调子是指被摄体的整个画面基本上属于深色状，如煤炭、深绿色丛林等。拍摄时，也可采用偏重中央测光系统，但要在测光数据的基础上适当减少 1 或半级曝光量；否则，景物会失去应用的深色度（见图 4-17b）。

我们一般将上述方法称为"白加黑减"。"白加黑减"意思是拍摄整体偏亮（白）的场景时要增加曝光，拍摄整体偏暗（黑）的场景时要减曝光。原因是，相机的自动曝光是根据相机测光的结果来计算的；而相机的测光系统是有一定原则的，这个原则的理论是 18% 反射

图 4-16　用偏重中央测光模式拍摄的图片

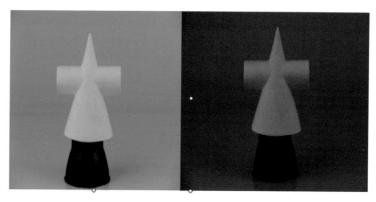

人眼看白色是白的　　　　测光系统看白色是18%的灰

a

人眼看黑色是黑的　　　　测光系统看黑色是18%的灰

b

图 4-17　"白加黑减"示意图 1

率，也就是相机的测光系统只认 18% 的灰。只要记住一个结论：相机会把所有东西拍摄成灰色。这个结论虽然不够严谨，但足够实用。

没增加曝光量　　　　　　　　　　　　　　增加1.5级曝光量

没减曝光量　　　　　　　　　　　　　　减少1.5级曝光量

图 4-18　"白加黑减"示意图 2

（3）点测光和近测法的运用

为了获取恰当的曝光数据，一般应从画面中找准最重要的主体区域，并用点测光框直接对准其主体区域进行测光，得出曝光数据拍摄即可（见图 4-19）。

在主体与背景或前景明暗反差较大的情况下，如果你的照相机只有偏重中央测光功能，而没有点测光功能，就必须用近测法使主体得到正确的曝光数据。具体运用如图 4-20 所示。

① 靠近被摄主体测量其局部亮度。

② 近测时，将准备拍摄的"局部"应尽量布满镜头画面。

③ 半按快门钮，得出光圈大小、快门速度的曝光数据；然后按照此数据将光圈大小、快门速度调整到位。

④ 回到拍摄点进行拍摄即可(这时，曝光读数又会发生变化，但它已无关紧要)。

用点测光拍摄，曝光正确　　　　　　　没用点测光拍摄，曝光不准

图 4-19　点测光拍摄示意图

错误的测光方法　　　　　　　正确的测光方法（近测法）

近测时尽量将主体布满画面　　　　测光后回到原拍摄点进行拍摄

图 4-20　"近测法"示意图

近测法应注意以下两点：一是测光时，镜头不要靠主体局部太近，以防止镜头前端或拍摄者在测光部位投下阴影，否则均会影响测光读数的准确性。二是在测光条件下，可分别测出亮部和暗部的亮度，然后取其平均值作为曝光依据。

4.6　用　光

我们已经知道，摄影不能没有光，无光就谈不上曝光。光不仅能使胶片感光，而且不同的光位、光质、光比能使被摄体展现不同的形状、影调、色彩、空间感、美感、真实感。理解和掌握好光位是摄影用光、取得良好效果的关键。光位主要有正面光(顺光)、侧光、逆光、顶光与脚光五种。本节我们以自然光光源来解读不同的光位。

4.6.1　自然光光源的照明时刻

自然光光源主要是太阳光，它分为直射光和散射光两类。直射光是指太阳直接照射到被摄体上的光线，亮度较强，明暗反差较大；散射光是指太阳透过云层而照射在被摄体上的光线，如阴天、薄云遮日、雨天等，这种光比较柔和，无明显反差和投影。

在用自然光摄影时，一般要注意将一天的自然光分为四个照明时段(见图4-21)。

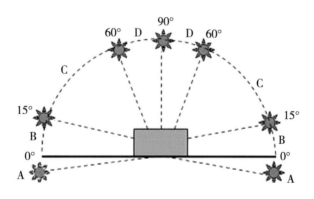

图 4-21　自然光光源照明时刻示意图

① 无光照明时刻，是指黎明日出之前和黄昏日落之后这段时间(图4-21A区)，地面景物无直照阳光，而是由天空光照明。这种光线由于不强，不太适合拍摄人像、风光等照片；但可利用天空和地面的强烈反差来拍摄剪影，也可直接拍摄天空中的彩霞(见图4-22)。黄昏也是拍摄夜景非常好的时机。此时，利用天空光勾画出地面景物的轮廓，再结合景物的灯光拍摄出的夜景，画面和内容气氛将显得更加真实、丰富。

图 4-22　无光照明时刻

　　② 太阳刚刚从地平线升起或太阳缓缓下落至地平线，即太阳在 15°角以下时，我们称太阳初升或太阳将落时刻(图 4-21B 区)。这时的光线非常柔和，有明显的空气透视现象(见图 4-23)。这种光线既可拍摄地面景物也可拍摄日出日落。如拍摄地面景物，由于照射角度小，使被摄体形成较长的投影，适合表达情绪和气氛。如拍天空中的太阳，可将地面景物处理成剪影或者半剪影，造成环境辉煌的画面效果，给人以朝气蓬勃的感觉。

图 4-23　太阳在 0~15°角时

③ 太阳在 15°~60°角时，我们称为正常光照明时刻（见图 4-24）。测试的太阳入射角度适中，景物水平面和垂直面都能感受到光线。此时拍摄的主体清晰明亮、层次丰富，极利于表现景物的主体、空间和质感，并可赋予主体层次丰富、线条刚劲的效果。

图 4-24　太阳在 15°~60°角时

④ 太阳在 60°~90°角时，即中午的太阳光线，我们称为顶光时刻（见图 4-25）。由于

图 4-25　太阳在 60°~90°角时

光线垂直向下，显现出景物光照明暗反差极大的景象。在一般情况下，顶光不宜拍摄景物，因反差较大，空气透视效果差，层次不丰富，但在特殊环境或实现刻画人物的刚毅性格的效果可以使用。

4.6.2 光位

光位是指拍摄时光线照射于被摄体的方向与角度，同一景物在不同光位照射下所产生的效果是不同的。如前所述，光位主要有正面光、侧光、逆光、顶光与脚光五种。

(1) 正面光

正面光也称顺光，是指光源正对着被摄体射来的光线。在正面光的照射下，被摄体正面均匀受光，投影落在背后。

正面光的特点是光线平、淡，影调层次不够丰富，明暗反差小，不易表达主体感、空间感和质感。但在摄影实验中，常遇到正面光，而又非拍不可。在这种情况下，我们可用以下手段来弥补正面光的不足：

第一，将被摄体置于与其形成强烈对比的色光前景与背景之间，使被摄体和前景、背景分开；

第二，安排被摄体本身的色调时，应使其具备强烈的对比；

第三，利用主体本身的线条，加强画面空间的透视感。

利用正面光拍摄景物虽然有诸多不足，但在拍摄人像时，可达到人脸皮肤柔化、减轻皱纹的效果(见图 4-26)。

图 4-26　正面光拍摄图片

（2）侧光

侧光是指光源从被摄体的右侧或者左侧射来的光线，它分为前侧光（45°）、后侧光（90°）（见图 4-27）。

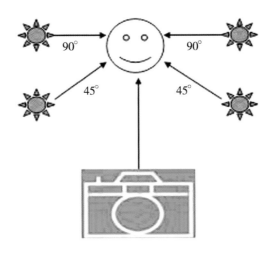

图 4-27　侧光光位示意图

侧光是摄影中常用的一种光线，它比较符合人们提倡的视觉习惯。侧光的特点是有明显的影调、明暗对比，能很好地表现被摄体的立体感和质感，取得轮廓线条清晰、影调层次丰富、明暗反差和谐的效果。如果利用侧光拍人物，能较好地表现人物的外形特征和内心情绪。如果利用测光拍风光，能使画面层次丰富，富有立体感和空间感强。

利用侧光摄影应注意：一是控制好光比，光比一般调整在 1∶2 或者 1∶3 为宜，不要超过 1∶4。如果拍摄儿童少女、婚纱等，光比就在 1∶2 范围内；如果要体现阳刚之气、沧桑之感，就用 1∶4 或之上的光比，这样的光比能较好地表现人物的性格特征（见图 4-28）。

（3）逆光

逆光是指光源正对照相机镜头，从被摄体背面射来的光线。逆光包括逆光（180°）和侧逆光（135°左右）。

逆光是所有光源中最具魅力、最有艺术表现力的一种造型光源。它可将被摄体勾画出明亮、清晰的轮廓线条；轮廓线将被摄体和背景分隔，更能突出主体、增强影调层次感，以制造特殊的气氛（见图 4-29）。

利用逆光拍摄人物、动物、雪景、沙漠、水面、风景等都能获得影调、层次、质感最完美的体现。

1:4的光比　　　　　　　　侧光拍摄风光照片，画面层次
　　　　　　　　　　　　　丰富，立体感和空间强

图4-28　测光拍摄的画面富有立体感

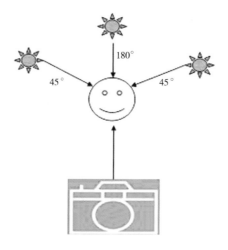

图4-29　逆光光位示意图

　　逆光比其他光源更难以掌握，但在拍摄中，只要注意以下几点，就可获得满意的逆光效果。我们现在以图4-30中逆光照为例(其他景物也可借鉴)，说明逆光摄影时应注意的事项。

图 4-30　逆光拍摄图片的效果

　　① 要选择深色的背景。将主体置于深色背景前面，能加强主体的亮度，使其轮廓线更加亮丽。背景越深，这种效果越明显。深色背景可根据地点的环境来定，可以是树荫、背阴的山、建筑物的暗部等。但不可把天空作为背景，否则主体轮廓线和天空叠在一起，逆光拍摄的特点将荡然无存。

　　② 以主体暗部的亮度来测光、曝光。由于主体在逆光下大面积朝着照相机，在阴影中，相对亮度较低，所以在测光、曝光时一定要以人脸的亮度为准。一般用点测光方式或近测法来获取曝光数据，切不可直接在拍摄点采用偏重中央测光方式，否则达不到拍摄效果。

　　③ 可适当加用辅助光。由于逆光照射，人物的脸部相对较暗，这时加用辅助光，能使人物脸部质感得到较好的体现。辅助光可用反光板、闪光灯，如果条件受限制，也可用白纸、白布等代替。

　　④ 防止逆光下的直射光进入镜头。由于逆光正对着照相机镜头，光线很容易射入镜头内，造成光晕、灰雾，致使拍摄失败。可采如下解决方法：一是镜头前安装遮光罩；二是将机位抬高，用俯角拍摄；三是用被摄体本身来挡住直射光线。

　　(4) 顶光

　　顶光是指光源来自被摄体的正上方，例如正午的阳光就是顶光。顶光会使人物脸部多处产生阴影，如眼睛、鼻下、下巴(见图 4-31)，所以通常不用顶光去拍摄人像。但有时为刻画人物的刚毅性格，也用顶光来实现。

　　(5) 脚光

　　脚光是指光源来自被摄体的下方。自然光中没有脚光的光位，脚光只有在摄影棚中利

图 4-31　用顶光拍摄，脸部有阴影

用人工光源才可实现。脚光常用于反面人物，是实现丑化效果的灯光方向；脚光还常用于
广告景物的拍摄(见图 4-32)。

图 4-32　用脚光拍摄服装

本章思考与练习

1. 曝光三要素是什么？

2. 如何理解正确曝光？正确曝光的标准有哪些？

3. 照相机中的测光工作原理是什么？

4. 测光的模式有哪几种？如何运用？

5. "白加黑减"是怎样运用的？

6. "近测法"如何运用？

7. 基本的光位有哪几种？各自有什么特点？

8. 对于不同类型的物体，如何做到正确用光？光比如何控制？

◦ 第 5 章 ◦
景深、焦深与超焦距

通过对本章的学习，可以熟悉景深的概念、了解景深在摄影中的运用价值以及掌握在摄影实践中如何运用景深。

5.1　模糊圈的概念

"模糊圈"又称为"分散圈"。从以下内容中，我们可以得到模糊圈的概念。

影像是由无数明暗不同的光点组成的，形成影像的光点越小，影像清晰度越高；形成影像的光点越大，影像清晰度越低。这就是我们在观看一幅照片时会出现这幅照片有的地方很清晰，有的地方不大清晰甚至完全虚糊的原因(见图 5-1)。

图 5-1　模糊圈的大与小带来不同的效果

而这种状况的出现，是因为当镜头聚焦于被摄景物的某一点时，该点在胶片(或CMOS)上就产生焦点，而这个焦点是构成影像的最小光点。这种最小光点实际上是一种非常小的圆圈。离开聚焦点前、后的其他景物在胶片(或 CMOS)上就不能产生焦点，它们的焦点落在焦平面的前面(比聚焦点远的景物)或落在焦平面的后面(比聚焦点近的景物)，而在胶片(或 CMOS)上形成的成像圆圈(光点)要比焦点上的圆圈(光点)大。

聚焦点前、后景物在胶片(或 CMOS)上结像的圆圈虽然增大了,但仍能用眼睛看到较为清晰的影像。不过当这结像的圆圈越来越大时,影像就越来越模糊。

在实践中,我们把这种较为清晰影像的最大圆圈称为"模糊圈"。若圆圈小于模糊圈,能产生清晰或较为清晰的影像;若圆圈大于模糊圈,则产生模糊的影像。模糊圈好似模糊画面与清晰画面(包括较为清晰的画面)的分水岭。

5.2　景深的概念

景深是摄影中常使用的重要技术手段,合理地运用景深,能对摄影画面带来惊奇的效果。

图 5-2　同样的背景带来不同的效果

一般认为,景深是指影像纵深的清晰(包括较为清晰)的范围。根据模糊圈的概念,当对某一物体对焦清晰时,不仅仅是该物体清晰,在它的前面和后面的某一段景物也较为清晰;那么,物体清晰加上它前面景物较为清晰和它后面景物较为清晰的范围叫做景深(见图 5-3)。

在实际运用中,景深的距离范围是可以通过某些因素来改变的。景深的距离大,就称为景深大,在画面中显现的效果为纵深清晰范围大;景深的距离小,就称为景深小,在画面中显现的效果为纵深清晰范围小(见图 5-4)。

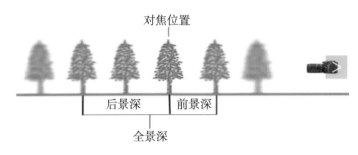

图 5-3　景深示意图

景深大的效果　　　　　　　　　　景深小的效果

图 5-4　景深大小示意图

5.2.1　控制景深的因素

控制景深的因素有三个：一是光圈，二是焦距，三是物距（照相机与被摄体之间的距离）（见图 5-5、图 5-6）。

图 5-5　大景深突出全局风光

图 5-6 小景深突出单个景别

这三个控制景深大小的因素有以下关系：

① 用焦距相同的镜头，拍摄的距离不变，光圈越大，景深越小；光圈越小，景深越大（见图 5-7）。

f1.4 50mm 在焦距、物距 　　f5.6 50mm 在焦距、物距不 　　f11 50mm 在焦距、物距不
不变时，光圈大，景深小 　　变时，光圈偏小，景深偏大 　　变时，光圈小，景深大

图 5-7 光圈控制景深

② 用同样的光圈，拍摄的距离不变，焦距越长，景深越小；焦距越短，景深越大（见图 5-8）。

f200mm 在光圈、物距不变时，焦距长，景深小　　f70mm 在光圈、物距不变时，焦距偏短，景深偏大　　f28mm 在光圈、物距不变时，焦距短，景深大

图 5-8　焦距控制景深

③ 在焦距、光圈不变的情况下拍摄，物距越近，景深越小；物距越远，景深越大(见图 5-9)。

物距0.5m 在光圈、物距不变时，物距短，景深小　　物距1m 在光圈、物距不变时，物距偏长，景深偏大　　物距2m 在光圈、物距不变时，物距长，景深大

图 5-9　物距控制景深

5.2.2　实际拍摄中景深的选择

在实际拍摄中如何选择景深，其实就是想使所拍摄对象的前、后景物控制在"实与虚"之间的过程，可以实、也可以虚，至于"实虚"到什么程度，这要根据拍摄题材和个人需表达的效果而定。这里，只能给出一个大致的参考意见。

① 新闻照——用大景深，即小光圈、广角镜头(见图 5-10)。

② 大场面纪实照——用大景深，即小光圈、广角镜头，物距远(见图 5-11)。

图 5-10　光圈 f16　焦距 28　物距 2m　　　　图 5-11　光圈 f11　焦距 35　物距 11m

③ 大场面风光照——用大景深，即小光圈、广角或标准镜头，物距远(见图 5-12)。

④ 集体合影照——用大景深，即小光圈、广角镜头，物距远(见图 5-13)。

图 5-12　光圈 f22　焦距 17　物距 500m　　　　图 5-13　光圈 f11　焦距 50　物距 16m

⑤ 人物肖像照——用小景深，即大光圈、长焦镜头，物距近(见图 5-14)。

⑥ 风光局部照——用小景深，即大光圈、长焦镜头，物距近(见图 5-15)。

图 5-14　光圈 f2.8　焦距 180　物距 4.5m　　　　图 5-15　光圈 f2.8　焦距 200　物距 5m

⑦ 花草小品照——用小景深，即大光圈、长焦镜头，物距近(见图 5-16)。

图 5-16　光圈 f2.8　焦距 200　物距 2.2m

5.2.3 查看景深范围方式

(1)取景器观察式

摄影时要想直观地看到目前的景深效果以便于调整,可以直接通过取景器观察(光圈大小所呈现的景深效果,需按"景深预测按钮")(见图5-17)。

取景时未按景深预测按钮的效果　　　　　　取景时按了景深预测按钮的效果

图 5-17 查看景深方式示意图

(2)景深表观察式

此观察方式仅针对光圈大小所呈现的景深范围。在一般情况下,相机的镜头筒上都有景深表,设置在镜头光圈刻度与距离刻度之间,用对称的光圈数值 22,16,8,4……4,8,16,22 的形式指出每一光圈在某种摄距时的景深范围。例如:光圈设定为 f16,拍摄距离为 2m,那么景深表上指示的景深范围大约是 1.5m(近界限)到 3m(远界限)。这种景深表上所指示的景深范围不是很精确,只能作为一种参考(见图5-18)。

图 5-18 景深刻度表示意图

（3）景深计算公式

用景深计算公式得出的景深范围非常准确，但较为麻烦。景深计算公式如下：

$$景深远点 = \frac{H \times D}{H - D - F} \quad 景深近点 = \frac{H \times D}{H + D - F}$$

H=超焦点距离　　D=聚焦距离　　F=镜头焦距

5.2.5　景深运用中的注意事项

① 尽量不要俯拍，因为俯拍时往往主体与背景（如地面的景物）的距离太近，当主体与背景太近时，即使你把光圈调到最大、焦距调到最长，它们仍然在景深范围内，所以不容易虚化背景（见图5-19）。

图5-19　俯拍时主体距地面太近

② 应避免背景杂乱和露白：杂乱的背景不仅会破坏整个画面构图，也会削弱小景深的效果（见图5-20）。

图5-20　背景杂乱和露白

③ 正确的方法是：尽量选择平拍角度，尽量选择远离主体、干净、同色块的背景或前景（见图5-21）。

图 5-21 选择平拍角度

5.3 焦 深

焦深是指影像的景深保持不变的前提下，焦点沿着镜头光轴所允许移动的距离。

我们知道，在拍摄的时候要对景物进行准确的对焦，当我们用手动方式对焦于某景物后，在这基础上，如果轻微左右转动对焦圈，会发现在一定的范围内焦点还是清晰的，当超过了一定范围后，焦点就不大清晰了。

与景深一样，光圈、焦距、物距是影响焦深的直接因素。

① 光圈与焦深呈反比。光圈小，焦深大；光圈大，焦深小。如：f8 的焦深大于 f2.8。

② 镜头焦距与焦深呈正比。焦距长，焦深大；焦距短，焦深小。如 200mm 镜头的焦深大于 135mm 镜头的焦深。

③ 物距与焦深呈反比。物距近，焦深大；物距远，焦深小。如：对焦于 2m 景物的焦深大于对焦于 10m 景物的焦深（见图5-22）。

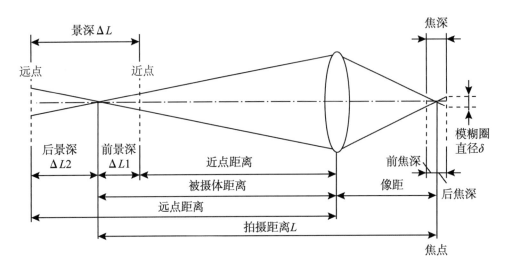

图 5-22   焦深示意图

5.4   超焦距

超焦距是指镜头对焦至无穷远时，从镜头到景深近点的距离（见图 5-23）。

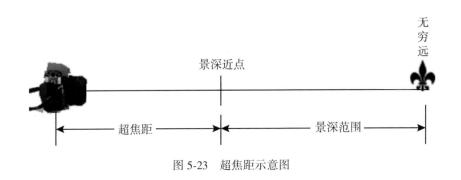

图 5-23   超焦距示意图

超焦距的调节可以用带有景深表的相机来实现，计算某光圈超焦距的方法是，将照相机的对焦环转到无穷远位置，查看景深表刻度，该光圈对应的距离数值即为该光圈的超焦距。以海欧 DF-2000A 相机为例：f22、f16、f8 光圈的超焦距分别为 4m、5m、10m（见图 5-24）。

超焦距的运用是一种放大景深效果的对焦技术，一般是在拍摄大场面时，而且景深范围包括无穷远，才需运用超焦距。如果所需要的景深范围不包括无穷远而想放大景深时，

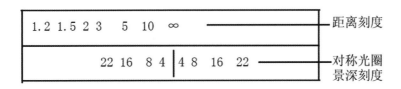

图 5-24　超焦距计算示意图

则是运用前面所述的光圈、焦距、物距来控制景深。

在运用超焦距时，应注意所拍对象中是否有较近的景物需要包括在景深范围内。只有考虑较近景物也需要包括在景深范围之中时，运用超焦距才有价值。

举例说明：

拍摄某一景物时，想将 2.6m 处至无穷远的景物都拍清楚。如果使用 8 光圈，从相机景深表中查出 8 光圈所对应的超焦距是 10m。如图 5-25 所示，将超焦距"10"转到对焦点，可看出仅 5m 至无限远距离的景物是清晰的；而 2.6~5m 处的景物是模糊的，没有达到预想的要求。若使用 16 光圈时，从照相机景深表查出 16 光圈的超焦距为"5"m，将"5"转到对焦点，这时，左边的光圈 16 对准了距离 2.6，右边的光圈 16 对准了无穷远。在这种情况下拍摄的照片，即从 2.6m 至无限远的景物都是清晰的，达到了预想的要求（见图 5-26）。

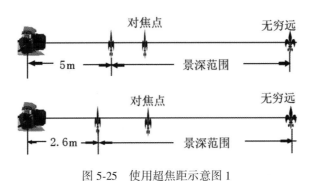

图 5-25　使用超焦距示意图 1

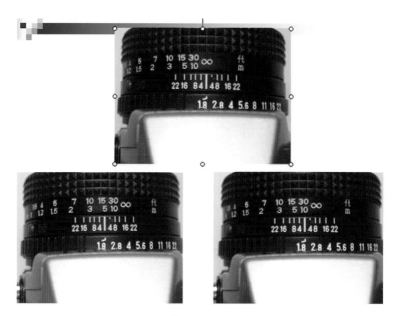

图 5-26 使用超焦距示意图 2

本章思考与练习

1. 模糊圈的概念是什么？

2. 什么是景深？

3. 影响景深的因素有哪些？请举例说明。

4. 什么是焦深？焦深的实用价值是什么？

5. 什么是超焦距？如何运用超焦距？

⊷◉ 第 6 章 ◉⊶
摄影的画面构图

衡量一幅摄影作品是否有艺术价值,既要看它是否表现出内容,也要看它是否体现出与内容相一致的艺术效果。拍摄者只有把握好主体突出、建构分明、色调和谐的构图,使拍摄出的照片达到内容和形式的完美统一,才能使人们产生共鸣和遐想。摄影构图就是在拍摄前使用取景器选择主要景物,从而确定画面的建构过程。

通过对本章的学习,可以了解摄影构图常识,掌握有关摄影构图的规律和注意事项,激发在摄影构图环节的创新性。

6.1　黄金分割法构图

所谓"黄金分割法",最早是由古希腊毕达哥拉斯学派发现的,黄金分割法是一种数学上的比例关系,把这种比例关系应用到摄影构图中,在主题位置的安排上具有参考价值。这种比例关系和绘画构图方法相同,无论对于绘画还是摄影或是其他的艺术形式,黄金分割的画面排布可以给人带来愉悦的视觉感受,它具有严格的比例性、艺术性、和谐性,蕴藏着丰富的美学价值。

黄金分割法构图也称九宫格构图(也称井字构图,见图 6-1),是将画面平均分成九块,四条线称黄金分割线,四条线的交叉点称黄金分割点。这四条线和四个点被认为是视觉重要位置,也是趣味部位和中心,将主体安排在这些线和点上面是最佳的,也最能吸引观众

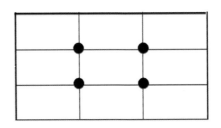

图 6-1　九宫格构图

的视线。这种构图能呈现变化和动感，使画面富有活力。

6.1.1 利用黄金分割线构图

拍摄风景时，如果只有天空与地面，那么将地平线安排于画面中央就会显得呆板，但将其安排在上下两条分割线的任何一条线上，景物就变得富有变化和生机。有时我们也称之为"三分法"构图(见图6-2)。需注意的是，如果你认为天空的景物较为精彩，就把天空放入画面的2/3处；如果你认为地面的景物较为精彩，就把地面放入画面的2/3处。

图6-2 "三分法"构图

拍摄人物时将其安排在两条垂直分割线上的任何一个位置上，人物将富于活力且生动。需注意的是，人物的脸庞向画面右侧看，就把人物放入左边分割线上；人物的脸庞向画面左侧看，就把人物放入右边分割线上(见图6-3)。

图6-3 "分割线"上人物

6.1.2　利用黄金分割点构图

利用黄金分割点与利用黄金分割线的作用一样，将主体最重要部位或者占画面较小位置的景物或人物放在任意四个点上，往往能加深视觉感应，但要注意视觉平衡的问题(见图 6-4)。

图 6-4　"点"上景物

6.2　突出主体

在摄影中，很多拍摄者特别是初学摄影者往往不懂得在一幅画面中应该突出什么，应该舍弃什么。如果拿起相机就按快门，其结果将是积累了繁杂的景物而不知其主体是什么。所以说，我们在拍摄任何一个景物的时候，事先要有思考，要确认主体，也就是趣味中心，然后才可以有针对性地将主体加以突出。这样才能使摄影作品的主题思想得到集中体现，从而使观赏者通过对主体的观察和思考理解其内容产生的意境和联想，并从中受到感染和启发。为了掌握好突出主体的技术，下面介绍部分手段。

6.2.1 把拍摄主体放在前景位置上

将主体安排在距离相机较近的位置上，主体前方尽量不要放置其他繁杂的景物。由于主体凸显，结像比例大，所以能够较好地突出主体(见图 6-5)。

图 6-5　把拍摄主体放在前景位置上

6.2.2 利用小景深

把主体安排在远离背景的地方，同时使用长焦距或大光圈或较短物距；也可三项并用，对焦在主体上，拍出来的效果是主体清晰、背景模糊，从而突出主体(见图 6-6)。

图 6-6　利用小景深突出主体

6.2.3　利用强光束

在构图时，利用强光光线，将一束光直接照射到主体上，这样能造成主从明暗分明的效果，使主体鲜明突出(见图 6-7)。

图 6-7　利用强光束突出主体

6.2.4　通过汇聚线条

在摄影实践中，通常会遇到各种线条，如建筑的墙壁、天花板、地板的交汇线，公路、铁路的交汇线，夜间蒸汽的灯光，森林的树干，等等。线条的延伸会起到引导视线的作用，如果把拍摄主体安排在线条交汇的地方，主体很自然就被突出了(见图 6-8)。

图 6-8　利用汇聚线突出主体

6.2.5 利用影调明暗的手法

摄影时，往往把主体放在反差比较大的背景上，这样所表达的主体就会鲜明生动，有立体感(见图6-9)。比如，将拍摄人物放置深色背景前面，能使人物和背景分离，达到突出主体的目的；将其放置在亮的背景上，使人物凸显或成剪影；也常常将亮的景物放在暗的背景上，如拍摄烟火、月亮、火光等。

图 6-9　利用影调明暗的手法突出主体

6.2.6 利用和谐的色彩

世界万物都是由红、橙、黄、绿、青、蓝、紫组成的，那么在拍摄中如何通过和谐的色彩来使主体突出呢？我们可通过"色轮图"的原理来了解什么是和谐的色彩(见图6-10)

利用色彩图中两个相对的颜色(互补色)就可组成和谐的色彩。即黄与蓝、红与青、品红与绿就是和谐色彩。凡在色轮图中构成等边三角形的三个色即可组成和谐色彩。即红与绿、蓝是和谐色彩；黄与品红、青是和谐色彩，反之也成立。

因此，我们在摄影实践中，可根据"色轮图"的原理，选择和谐色彩的主体和陪体来进行搭配，这样就可以突出主体。

图 6-10　利用和谐的色彩突出主体

6.3　摄影角度与距离的构图形式

6.3.1　摄影角度

摄影中正确的角度选择，不仅对表现拍摄内容起到重要作用，对营造优美的构图也是非常重要的。摄影角度又分为横向角度和高低角度两种。拍摄的角度不同，所带来的效果就不同。

（1）横向角度构图

横向角度包括正面、侧面、背面。

① 正面构图：线条结构对称、稳定，富有庄重、威严之气氛，但缺少主题感和透视感，比较呆板（见图 6-11）。

② 侧面构图：使景物产生立体感，能增强空间感和线条透视效果。这是最常用的一种角度（见图 6-12）。

③ 背面构图：是一种为了让观众产生更多联想而采用的构图角度。我们要经过不断的实践，才能把握好背面构图这种形式（见图 6-13）。

图 6-11　正面构图

图 6-12　侧面构图

（2）高低角度构图

高低角度包括平视、仰视、俯视。

① 平视构图：机位与被摄主体在同一水平线上，平视构图合乎人眼的视觉习惯，透视效果好，不易产生变形，但缺乏变化，不新颖（见图 6-14）。

图 6-13　背面构图

图 6-14　平视构图

　　② 仰视构图：机位低于被摄主体，镜头从下向上拍摄。仰视拍摄可使景物显得宏伟、高大，有利于夸张被摄体。如拍摄建筑物时，有高耸入云之感；如拍摄人物时，有高昂向上的精神面貌(见图 6-15)。仰拍需要避免镜头过仰，因为这会带来明显的变形。

图 6-15　仰视拍摄，主体有高昂向上的精神面貌

③ 俯视构图：机位高于被摄主体，镜头从上向下拍摄。这种方法多用于场面大、景物全的场景（见图6-16），如交通枢纽、辽阔的大草原、层层起伏的梯田、灯火辉煌的不夜城，等等。

图 6-16　俯拍使三峡大坝尽收眼底

6.3.2　摄影距离

在拍摄同一物体时相机与被摄体距离不同，被摄体呈现在画面上的影像大小就不同，这种大小不同的影像就称为景别。景别分为六种：特写、近景、大近景、中景、全景和远景。

我们只要仔细观察，其实任何景物都有景别的划分，如人物、动物、建筑、生物等，都有顶部、中间部、底部和细节部等。下面仅从人物来划分景别（这种划分也适用于其他景物，见图 6-17）。

在实际运用当中，改变拍摄距离与改变镜头焦距是类同的，两者都能实现不同景别的取舍。但更重要的是不同的景别是有不同表现力的，要根据表现意图去选择景别（见图 6-17）。

① 远景：具有广阔的视野，表现景物气势和整体结构，对景物的细节不作深度的描述。远景主要用于开阔的自然风景、群众场面等。

② 全景：用来表现场景的全貌或人物的全身，表现人与环境之间的关系。

③ 中景：是画框下边卡在膝盖左右部位或场景局部的景别。中景相对于全景来说，体现的景物范围比较少，重点表现人物的上身，以情节取胜。

④ 近景：是画框下边卡在人物胸部左右或场景局部的一种景别。近景能清楚地看到人物细微部分，能表现出人物的面部表情、传达人物的内心情趣。

⑤ 特写：是画面的下边框卡在人物肩部以上的景别，也可以是拍摄双眼、手指、嘴唇等。特写是被摄人物或景物的某一局部，它比近景的刻画更细腻，有一种特殊的视觉感受。主要用来描绘人物的内心活动，达到传神、传质的目的。

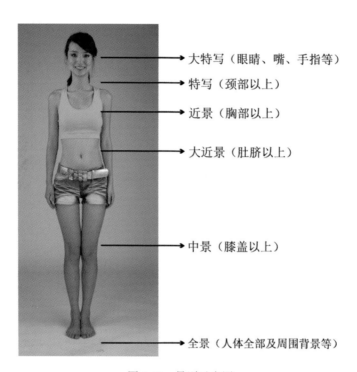

图 6-17　景别示意图

6.4　巧妙利用前景构图

前景是摄影中一个常用的专用名词术语，是临近相机镜头、相对于拍摄主体最前面部分的有关景物。前景有时可有可无，但有时又十分重要，具体的作用主要表现在：

① 前景可以增强画面的空间距离感。拍摄照片时，大多数条件下不一定需要有前景，在拍摄高山、人文建筑风景等特写照片时，更是如此。但对于所拍摄景物靠近相机部分显得比较单一的情况下，应该适当运用前景拍摄（见图 6-18）。

② 前景可以衬托照片的主题内涵（见图 6-19）。照片都有一定的思想内涵，要拍摄什么、表现什么都需明确，否则照片就没有了灵魂，成了纯粹的拍照记录。

图 6-18　葵花作前景增强空间感

图 6-19　繁花做前景衬托主题

③ 前景可以提高照片的情趣格调（见图 6-20、图 6-21）。不少的景物可以直接拍摄，但如果适当加入一些前景，美感会大大增加，情趣格调更高雅，也更加蕴含浓浓的故事感。比如伫立于花丛中的人像摄影，前景中的鲜花、树叶，既可以充实画面，又可以遮挡部分不适合摄入镜头的"瑕疵"。

图 6-20　小束桃花支孕育浓浓乡情　　　　　　　图 6-21　前景美化画面

6.5　线性构图

线性构图也是摄影中最常用的手段之一。线是构图的基本视觉元素，同时它可以分割画面、产生节奏。这里着重介绍对角线构图和曲线构图，因为它们是线性构图中最能产生形式美的两种方法。

（1）对角线构图

对角线构图是很重要的一种构图形式，也是构成可视形象的一项基本元素。它能使画面产生极强的动感，表现出纵深感，引导人们的视线到画面的深处。构图时，可将主体从左下角延伸到右上角，也可将主体从右下角延伸到左上角。初学者可选择线条明显的景物进行拍摄练习，如公路、河流、桥梁等都具有明显的线条(见图 6-22)。

（a）

（b）

图 6-22　对角线构图

（2）曲线构图

曲线象征着柔和、浪漫、优雅，它给人们一种非常美的感觉。在摄影中曲线的应用比较广泛。如人体摄影，呈现的是人体曲线美(见图 6-23)；那些波浪式行进、螺旋式旋转的曲线(见图 6-24)，不但能增加画面的纵深感，而且流畅活泼、富有动态感(见图 6-25)。

图 6-23　曲线构图 1

图 6-24　曲线构图 2

图 6-25　曲线构图 3

本章思考与练习

1. 什么是黄金分割法构图？举例说明如何运用这一方法？
2. 摄影时如何突出主体？有哪些手段？
3. 构图时摄影角度与距离的不同会带来不同的画面效果。应如何选择角度和距离？
4. 如何利用前景构图？
5. 什么是线性构图？
6. 什么是对角线构图？

◦ 第 7 章 ◦
典型的摄影技法

摄影实战拍摄中，会遇到不同的拍摄题材和拍摄环境。能否快速适应拍摄现场的光影条件并且迅速抓住拍摄主题的特点，高效无误地完成拍摄计划的同时还能让作品达到一定的水平高度，是每一位摄影人在新手阶段都需要不断思考精进的难题。

通过对本章的学习，可以了解常见拍摄题材的特点，根据摄影师总结的共识经验，学习并掌握各类拍摄技巧，逐步提高摄影技术水平。

7.1　集体照摄影

很多拍摄者对于集体照摄影不屑一顾，其实拍摄集体合影是一个很严谨的课题，如何才能拍好，有着很多学问。本节仅对几十上百人以上的大合影进行讲解。人数多、场景大、组织难、时间紧是集体照摄影拍摄的特点，拍摄者责任大，做到画面质量高、拍摄万无一失是对摄影者的要求(见图 7-1)。

图 7-1　集体照摄影

7.1.1　摄影器材的选择

（1）相机的选择

我们知道，一般集体合影洗印出来的照片要比其他照片大些，这样才能看清每个人的脸部。50 人以上的合影，一般照片要放大到 10~12 英寸以上比较合适。当然照片越放大人物的图像就越大，但这并不意味着图像就清晰。所以在选择相机时，一定要尽可能选择高质量的镜头和大尺寸感光材料或高像素的相机。一般 50 人以上、200 人以内的合影，选择 135 相机或 2000 万像素的数码相机比较适合，照片可放大到 10~12 英寸；100~200 人合影，使用 120 相机或 2500 万像素的数码相机，照片可放大到 16~20 英寸；250~400 人的合影，选择哈苏 505、6×6cm 的宽幅相机或 4000 万像素中画幅的数码相机较为适合，照片放大到 24 寸至 2 米时效果都很好。但应注意的是影像品质和影像尺寸都应调到最大，即：RAW 品质+大尺寸。

（2）镜头的选择

关于这一问题，有很多人会不加思索地说当然要选用广角镜头，还有的人说可选用中长焦镜头，其实这两种选择都是错误的。因为广角镜头会使人物变形，而中长焦镜头视角小、景深小。最好的选择应是标准镜头，因为标准镜头质量好，其视角和透视基本与人眼看实物一致，无变形。集体合影不是艺术照，不需要任何夸张或缩小。半画幅数码相机 35mm 为标准镜头；135 传统相机和全画幅数码相机 50mm 为标准镜头，传统哈苏 505 相机和数码中画幅相机 75mm 左右为标准镜头。

（3）必备的三脚架

很多拍摄者在拍摄集体合影时很随意，端起相机就拍，结果往往是造成不良画面效果。三脚架是集体合影不可缺少的器材，很多时候由于天气照度较低的缘故，致使快门速度较低(1/30 秒甚至更低)，在如此低快门速度下，手持照相机拍摄容易造成相机本身的晃动，从而导致画面模糊，所以可利用三脚架来稳固相机可避免机身的晃动。

7.1.2　队形的排列

要选择有楼梯、台阶的地方，最好是有自然阶梯的。这样可让拍摄对象多站几排，以缩短排面的宽度，使人物在画面中成像大一些。

如果上下台阶之间的高度很小时，也会造成前排人物将后排人物的脸部挡住的现象，这样就应该将排与排之间的人物错开来站位，也就是我们常说的交叉站，如此后排人物的脸部就能清楚地呈现在镜头前。

7.1.3 拍摄技巧

① 光线的选择。拍摄集体照以柔和的自然光为好（见图 7-2），如薄云遮日、阴天都是最佳光线，这种光线使每个人脸上都能受到同等光照度。应尽量避免阳光直射和逆光，阳光直射会使人眯眼，逆光会使主体曝光不足或背景灰暗。拍摄时间应选在上午 10 点至下午 4 点这个时段。不要在树荫下拍摄集体照，以防产生"花脸"。

图 7-2　集体照摄影技巧

② 光圈和快门的选择。拍摄集体照，首先要以手动模式来调节光圈和快门，因被拍摄对象纵深大（有的还要将远处背景拍清晰），应该获取较大的景深，所以光圈起码应设定在 f8，甚至更小（f11、f16 都可以）。其次设定快门速度，快门速度随光圈的设定而设定，致使曝光组合正确即可。快门速度最好不要低于 1/30 秒，这样可以避免被拍摄者在拍摄中突然晃动。当然，在光线较暗的情况下，为了保证有足够的景深，只能牺牲快门速度，但最好不要低于 1/15 秒。

③ 提醒被拍摄对象集中注意力。由于被拍摄者人数较多，大多数拍摄又在室外喧闹的环境中，难免导致被拍摄人员注意力不太集中。所以在按动快门之前，可以用举手示意和喊口令的方法来提醒大家集中注意力，避免出现人物闭眼或晃动的情况。没有任何摄影师（哪怕是顶级摄影师）敢"拍一张就走人"。原因还是在于被拍摄者人数较多，在按下快

门的一瞬间，难免有闭眼或晃动现象发生，有时喊着口令拍摄，结果还是有闭眼的。所以拍完第一张后，起码还需拍摄两张，这样在后期制作时就有选择的余地。

总之，拍摄集体照只要遵循以上规则，就能拍出满意的照片，否则，任何小小的差错和失误都会造成无法挽回的损失，因为大多数集体照是无法补拍的。

7.2 风光摄影

7.2.1 怎样理解风光摄影构图

在我们的周围，美的视觉要素到处都有，占我们日常生活的比重很大，以致有些人对它熟视无睹。在风光摄影中，无论是平淡无奇还是雄伟壮丽的风光，都包含着无限量的视觉美点。有时候它只存在片刻，稍纵即逝，有时候它藏在极普通的外表下，貌不惊人，难以辨认。事实上，这隐藏着的视觉美点才是真正神奇有趣的东西。从自然景观中发现具有美感的线条、色调、形状和质感，把它们纳入取景器中，以摄影家完全自我的方式加以处理，随后制成照片，让观众对这些视觉美点一目了然，这就是风光摄影构图的全部内容。

通过构图，摄影家明晰了他要表达的信息，把观众的注意力引向他发现的那些最重要、最有趣的要素。

7.2.2 风景摄影的空间划分

在正方形或长方形的取景器中，将自然景物合理地分布其间，这就是风光摄影的空间划分(见图 7-3)。自然的空间安排，其内容不外乎大地景物和天空之间、地面上的景物与景物之间的比例关系。比如，在画面布局上是天多地少，还是天少地多，应根据实际情况和个人主观来决定。一般性的空间划分规律是哪部分精彩，哪部分所占面积就应大些。

7.2.3 风光摄影主体的位置

风光摄影创作无论表现什么内容、什么对象，都有主次之分。主体是画面的重点，是主题思想的主要表现者。主体可以是一个，也可以是两个、三个或若干个。主体景物的地位在画面中也应优于其他景物，处于明显的地位(见图 7-4)。但并不是主体都必须安排在画面中央，那样反而显得呆板，也不符合美学要求。人们常用的方法是利用黄金分割法，把主体摆在"井"字任何一个十字交叉点上。具体摆放位置，我们也要因景而异、因情而异，既要注意美学规律，也要敢于突破创新。

图 7-3   风光摄影的空间划分

图 7-4   摄影的主体位置

7.2.4   风光摄影的景深

大多数风光摄影要求景深范围越大越好, 如果有可能, 最好让画面中的每一部分都清晰(见图 7-5)。

光圈越大, 景深越短; 光圈越小, 景深越长。镜头的焦距越长, 景深越短; 焦距越短, 景深越长。拍摄的距离越近, 景深越短; 拍摄的距离越远, 景深越长。综上所述, 在拍摄自然风光时, 为了最大限度地获得全景深, 即照片的最大清晰度范围, 最有效的方法是使用短焦距的镜头(广角镜头), 采用小光圈(f11、f16、f22), 拍摄较远距离的景物(大

图 7-5　景深越大越好

约两米以外)。以上三种方法同时使用，可确保照片的最大清晰范围(见图 7-6)。

图 7-6　最大化设置大景深

7.2.5　利用侧光拍摄风景

侧光是拍摄风景时经常使用的光线之一。这种光线能很好地表现被拍摄景物的立体
感、质感，光影结构鲜明、强烈。具体地讲，用点测光测得的数据和曝光补偿都要考虑进
去。一般规律是：侧光拍摄时，应以景物的高光部分进行点测光，并在此基础上增加半级
曝光(见图 7-7)。

图 7-7　利用侧光拍风景

7.2.6　利用区域光拍摄风景

区域光是指景物的某一区域被光线照亮。

这种光线也称舞台光，舞台上某一只射灯只跟随主角的运动而照射，故得此名。

在自然界中，特别是在多云的天气条件下，经常能遇到这种光线。由于云朵的阻挡，阳光不能普照大地，而被区域性地分割成一束束"舞台光"，并且随着云彩的不断运动，区域性的光线也会不断移动(见图 7-8)。

图 7-8　利用区域光拍风景

7.2.7　曝光是风景摄影的关键

曝光的掌握需要不断的经验积累，有些现成的规律也要熟记。例如：拍摄雪景要增加1.5级曝光；拍摄区域光照射的风景，按照高光区域测光后，要减少一到半级曝光；拍摄逆光下的河流，对准河流中的高光区域测光后，要减少一级曝光(见图7-9)。

图 7-9　曝光是风景摄影的关键

7.3　日出、日落和彩霞摄影

朝阳的壮观、落日的灿烂、彩霞的绚丽让无数摄影者一次又一次地端起相机、按下快门。原因只有一个，她们是宇宙间最美的画卷(见图7-10)。

7.3.1　掌握日出、日落和彩霞的拍摄时机

(1)季节的把握

日出、日落一年四季都存在，但最佳的拍摄季节是春秋两季，原因一是春秋两季的日出迟一些，这便于拍摄者有更多的时间准备；二是这两季的云霞比较丰富，有"彩霞满天"之情景，彩霞与日出、日落同辉的画面更加丰富多彩，富有变化，能给人们更多的美感(见图7-11)。

日出 彩霞

图 7-10 日出与彩霞

图 7-11 春秋两季的日出与日落景色最佳

（2）时段的把握

日出、日落的持续时间很短，日出的最佳拍摄时段是在太阳露出地平线到太阳放射光芒之前，这段时间只有几分钟；日落的最佳拍摄时段是太阳的强烈光芒消失后到太阳完全下沉于地平线之前，这段时间有 10 分钟左右。忌讳在太阳还有强烈光芒时拍摄，因为镜头受到太阳光芒的照射，会使底片上产生光晕，影响拍摄效果。所以，无论是日出还是日落，都应抓紧时间拍摄，尽量在这段较短的时间内多拍几张(见图 7-12)。

彩霞可为日出、日落增加更为动人的效果，若在拍摄日出、日落时遇到彩霞，一定不要放过这一大好时机。另外，彩霞本身也可以作为拍摄的题材。彩霞最绚丽的时候是太阳西下地平线后 15~25 分钟的这一时段。

图 7-12 日出与日落时段的把握

7.3.2 器材的选择

拍摄日出、日落应以单镜头反光相机为宜，平视旁轴，"傻瓜"相机和普通家用相机一般不能更换镜头，不能拍出较好的日出、日落效果。

根据构思，选择适当的镜头。以 135 相机为例，用 50mm 标准镜头拍摄日出、日落时，底片上的太阳直径约为 0.5mm；用 500mm 的长焦镜头拍摄时，底片上的太阳直径约为 5mm。因此，要想拍摄写意式的照片，当然是太阳在画面中所占的面积愈大愈好，既壮观又有气势，这就需要选用长焦镜头，即 200~500mm 的镜头；如想拍摄出日暮而归、带有地面景物和人物的诗情画意的照片，一般可使用标准镜头或中长焦距镜头。

三脚架和遮光罩是拍摄日出日落和彩霞必不可少的。三脚架能起到稳固相机和长焦镜头的作用；镜头由于正对太阳，难免会产生眩光，戴上遮光罩有助于防止眩光的产生。

为实现日出、日落、彩霞特有的暖色气氛，在胶卷片型(传统相机)或白平衡(数码相机)的选择上是与正常选择相反的，使用彩色片时，日光型片会使画面更红；使用数码相机，将白平衡调到"日光白平衡"，也能使画面中日出、日落、彩霞的暖色效果更突出，这样正好符合我们想要的效果。

7.3.3 曝光

若想体现天空中日出、日落和彩霞的绚丽美景，就以天空亮度曝光。测光时，最好以太阳旁边(不含太阳)的天空测光，如果画面包含地面景物，这时的地面景物会具有剪影的效果(见图7-13)。

图 7-13　以太阳旁边的天空测光

若既要体现日出、日落和彩霞，又要体现地面的景物和人物活动，可以采取折中曝光的方法，适当照顾地面活动(见图7-14)。

图 7-14　采取折中曝光法拍摄日出与日落

7.4　夜景摄影

太阳从西边下沉地平线后又从东边升起之前的时间，我们称为夜间。在夜间所拍的景物，我们称为夜景摄影（也称夜景拍摄）。夜间可供摄影的题材很多，例如，灯火辉煌的城市或街道，车辆穿梭的交通要道，建筑物上的彩灯，炼钢高炉，水上码头，节日的焰火，月光星光及闪电等。各种夜景内容极其丰富、绚丽多彩，拍出的照片别有一番情趣。

7.4.1　主体为静态的夜景摄影

较低的感光度适用于光线强的时候，如果光线弱了，就要用高感光度，防止快门速度太慢而使相机抖动。那么夜间摄影是不是要用高感光度呢？一般而言，感光度设置越高，其成像的颗粒（噪点）较粗、反差较低、色彩较不饱和、解像力较差，因此影像品质不佳。所以，当主体是静态时，可以用长时间曝光，尽量使用较低的感光度，以便得到细腻的成像、饱和的色彩（见图 7-15）。

图 7-15　尼康摄像机静态夜景拍摄效果（Nikon D3，ISO200，f16，25s）

7.4.2　器材的选择

夜景的拍摄，除了准备相机及各类镜头外，还需带上必备的摄影附件。一是三脚架。夜间摄影，一般使用慢速曝光，有时还要用到多次曝光，所以一定要将相机固定在三脚架上。二是快门线。在慢速曝光的时候，用手按动快门还是会使相机轻微晃动。接上快门线，并用其代替手指启动快门可避免相机的晃动。三是在镜头前戴上遮光罩，防止夜间杂光进入镜头而影响画面效果。四是务必配备一个小型手电筒，以便在夜间方便的操作。

7.4.3 夜景摄影的曝光

在实际拍摄当中，我们发现夜间摄影的曝光相对白天摄影的曝光复杂一些。初学者往往在曝光这一环节上没有掌握好而导致夜景拍摄失败。那么，究竟怎样使夜景拍摄达到正确曝光呢？其实，夜景拍摄一般采用的是一次曝光或多次曝光两种方法。

一次曝光：在拍摄距机位比较近而且景物环境又很明亮的被摄夜景，如街道两旁的荧红灯、商店内外通明的灯光、五彩缤纷的广告橱窗等，可采用较慢快门速度一次曝光拍摄完成。一般用 ISO200、设定 1/30 秒，f2.8 或 f4 曝光就可以了(见图 7-16)。

图 7-16 夜间一次曝光拍摄

多次曝光：在一张底片上进行两次以上的曝光叫多次曝光(也叫多重曝光)。目前也有很多单镜头反光数码相机可在单张照片中进行多次曝光，最多的可在单张照片中曝光10次。

相机上多次曝光功能的操作依相机的不同而有所不同，这里就不一一介绍了，只要阅读一下相机的说明书即可掌握。

那么，什么情况下使用多次曝光呢？一般是拍摄大场面夜景，被拍摄景物距相机很远、景深远、光线暗。为了展现景点的轮廓，又能反映出景物的夜间色调，在这种情况下就应采取两次或两次以上的曝光方法(见图 7-17)。

图 7-17　夜间多次曝光拍摄

拍摄步骤：第一，把照相机固定在三脚架上，取景构图；第二，在黄昏的时候按正常曝光量的 1/3 左右进行一次曝光，这样可拍出景物的轮廓；第三，等天完全黑下来后，再根据画面中景物的亮度，分别依次进行曝光。如此拍摄的天空、远近景物、灯光等都可体现出来。

7.4.4　夜间摄影注意事项

拍摄夜景难度较大，初学者需经常实践，不断摸索经验，开始尝试时可进行一次曝光的练习，以后逐步增加曝光次数，这样才能完全掌握夜间摄影的多次曝光方法。

夜间摄影由于拍摄距离的不同，景物明暗亮度的差异(即光线有强有弱)，无法用测光提供曝光数据。一般靠拍摄经验来确定曝光组合，初学者可用多种快门速度多拍几张，如可用 1 秒、3 秒、6 秒、12 秒等多种速度曝光，从中选出最佳的一张(见图 7-18)。

另外，光圈的大小可使夜间的人造光源产生光晕和光芒两种效果，可根据需要自由选择。光圈越大，所产生的光晕效果越明显；光圈越小，所带来的光芒效果越明显(见图 7-19、图 7-20)。

图 7-18　尝试不同的快门速度

图 7-19　大光圈使光源产生光晕效果

图 7-20　小光圈使光源产生光芒效果

7.5　动体摄影

动体是指行动的对象。动体摄影的题材繁多，如体育竞赛、舞台表演、飞行物、自然界的瀑布等。所谓动体摄影，其目的就是要突出动感，表现的手段和拍摄技巧也很多，可根据自己所需的画面效果准确把握。

动体拍摄所呈现的画面效果有两种，要么"定格"，要么"虚化"。各动体运动速度不一，拍摄时关键在于快门速度的把控，掌握两个原则："定格"使用高速快门，即 1/500 秒以上；"虚化"使用低速快门，即 1/30 秒以下。

7.5.1   用高速快门"凝固"主体可使动体影像清晰

这样的拍摄虽然是将动体的影像"凝固"，但它给观众的视觉感受是寓动感于静态之中，具有强烈的震撼力。体操运动员在空中的姿态、跨栏运动员的越栏瞬间、舞台演员的优美造型等，虽然是刹那间的清晰静止形象，但可生动地呈现出动体的动感特征。拍摄"凝固"动体的关键，取决于所用的快门速度，只有足够快的快门速度，才能将动态"凝固"成静态。另外，快门速度的选择，是根据动体运动的速度、距离、角度和镜头焦距来确定的。若能掌握下列关系，则拍摄成功率比较大（见图 7-21）。

图 7-21   高速快门 1/3200 秒"凝固"主体（贾连城 摄）

动作越快，快门速度就要越高。如奔跑的人比步行的人快，行驶的汽车比奔跑的人快，等等。动作横穿镜头，快门要快；动体对着镜头而来，快门可稍慢。

动体的距离与照相机越近，快门要快；反之，距离越远，快门速度可稍慢。

以 0°~90°夹角来考虑，动体与相机的夹角越大，快门要快；反之，夹角越小，快门速度可稍慢。

镜头焦距越长，快门速度越快，焦距每长一倍，快门速度要提高一挡。

7.5.2　用慢速快门可使动体影像模糊或部分模糊

这种用慢速快门拍摄的动体，往往具有强烈的动感。慢速快门是指快门速度在 1/30 秒以下的速度范围。用慢速快门拍摄动体时，由于快门速度慢，动体影像会在感光片或 CCD 上移动，形成虚影，这种虚影在画面上就带来强烈的动态效果。如在风光摄影中，拍摄流淌的小溪或飞流直下的瀑布，如果用高速快门就凝固住了流水，也就失去了流水的动势。若采用慢快速门拍摄，流水旁的其他景物会十分清晰，而流水却是虚影模糊一片，静态景物和虚影的水流形成鲜明的对比，这就能充分表现流水的动态感(见图 7-22)。

快门速度为1/125秒　　　　　　　　　　　　快门速度为2秒

图 7-22　用慢速快门拍摄产生动感

要拍摄好此类照片，一定要注意以下事项：

由于快门速度一般设置得很慢，所以拍摄时，照相机一定要固定在三脚架上。

画面中除了要保证主体的虚影模糊，一定还要将其他清晰静止的景物作为衬托。如果整个画面只拍摄了一片模糊的动体，观者会以为你将照片拍失败了。

快门速度的选择，一般在 1/30 秒以下，可根据动体速度的快慢，适当调整快门速度，而快门速度越慢，动体的动感就越强。在没有把握的情况下，可用不同快门速度多拍几张，如 1/25 秒、1/15 秒、1/8 秒等。

7.5.3　追随法拍摄

追随法拍摄的题材很多，如行进中的短跑运动员、奔驰的汽车和骑手等。追随法拍摄的特点是，照相机随着动体的运动方向而转动相机，在追随中按下快门。其画面效果是，动体清晰，而背景和前景形成横线虚影状，模糊的背景和前景能衬托出速度感，同时也使清晰的动体更为突出，气氛强烈，给观者以飞速之感(见图 7-23)。

图 7-23　追随法拍摄 1(贾连城 摄)

追随法拍摄有几种形式：平行追随、纵向追随、弧形追随、圆形追随、斜向追随、变焦追随。在实际运用中可视当时情况来运用。

这里着重介绍平行追随的要领：

① 平行追随是拍摄平行于相机并从相机左边或右边横穿镜头的动体，因此先要选择好拍摄点。

② 根据被摄动体到相机的距离，调好焦距，确定好构图范围，一般情况下动体的前方空余部分要比动体的后方空余部分多些。

③ 预选拍摄角度和聚焦点。拍摄角度应在 75°～90° 角(相机的正前方)为宜。由于动体处在急速行进当中，实时聚焦有一定难度，所以事先可根据动体大致要经过的地点进行预选，对其地面手动聚焦，这样比较稳妥。

④ 为使主次分明，应选择深色的背景，比如人群、树林、深色建筑物等。这样的画面对比强烈且有动感。

⑤ 快门速度的选择应根据动体的移动速度和拍摄距离以及拍摄者所要追求的效果而定，一般应在 1/15 秒至 1/60 秒之间，最快不要超过 1/125 秒。快门速度过高，则动感不强；快门速度太慢，则主体容易模糊。

⑥ 拍摄时，应把稳相机，从取景器中跟随动体位置相应转动相机，转动中保持动体在取景器中的布位不变，直到动体行进到 75°～90° 角(事先预选的角度和聚焦点时)时按下快门。这里要特别注意的是，按下快门时，相机不能马上停止跟随动体，而应继续转动相

机(见图7-24)。

图 7-24　追随法拍摄 2

7.6　舞台摄影

拍摄舞台演出,是摄影者们喜爱的一项摄影活动,丰富多彩的舞台彩灯,多种多样的内容和形式,演员们的动人表演和优美造型,无不使摄影者们受到深深感染。在欣赏演出的同时,用手中的相机将一幕幕美妙的瞬间抓拍下来,既是一种完美的艺术享受,有时也能成为一种永恒的记忆。

舞台摄影一般有两种拍摄方法,一种是在非正式演出的排演中拍摄,这是剧组与摄影者因有协议而专门安排的舞台拍摄,此种方法可以根据摄影要求随意调整拍摄机位、角度和光线的强弱,也可抽出某一特殊情节、造型等进行拍摄,摄影者在整个拍摄中可以从容地进行拍摄。另一种是在正式演出中进行抓拍,这是多数摄影者进行舞台摄影的一种方法,对于摄影者所要拍摄的那一瞬间,只有一次机会,无重来的可能。如此看来,后一种方法的拍摄难度要大一些。但无论是哪种拍摄方法,它们都存在需要解决的共性问题及需要掌握的技巧问题(见图7-25)。

7.6.1　拍摄前应了解剧情

对于舞台摄影来说,不论是拍摄专门组织的排演或演出前的抓拍,预先了解剧情是非

图 7-25　舞台摄影

常重要的。在拍摄前，应先了解剧情，掌握情节的进展，熟悉重点内容，对剧中舞台布景，灯光照明，主要人物的性格、特征等，拍摄者可多看几次演出或者排练。这样能使拍摄者做到心中有数：一是决定拍哪些情节场面；二是确定拍摄的位置和角度；三是有针对性地选择拍摄技术数据和参数(如快门、光圈、感光度、色温及镜头焦距)。

7.6.2　器材的选择

(1)镜头与拍摄位置的选择

舞台摄影最适当的位置应是距台口 10 米左右靠中的地方，因为在此位置可以兼顾使用不同焦距的镜头，以及不同大小的景别（除大场景外）。若要拍摄富有情节的全景或中景场面，可使用标准镜头；若想拍摄主要演员的舞蹈、独唱、独奏的全景可换上135mm镜头，拍摄中景则用200mm镜头。若要拍摄大场景，可用35～50mm镜头到剧场最后一排中间位置拍摄，如果剧场有二楼，可到剧场楼上第一排中间位置拍摄。

（2）感光度、快门速度及色温的选择

舞台演出的照明一般情况下较弱，为提高快门速度，根据在低照度下抓拍动体的需要，应尽量选用高速快门，ISO400～800的感光度。

舞台灯光丰富多变，强度和色温的变换也相当大，这些不同颜色、不同强度的光线也是舞台艺术语言的一个重要组成部分，一般在拍摄的时候能准确反映原有的色彩关系是比较好的。所以除了少数需将人物皮肤作良好色彩还原而光线变化不大的场景可采用手动白平衡模式外，在许多不同效果的灯光下拍摄，要纠正某些偏色不但不可能，也没有必要。因此一般情况下可采用自动白平衡模式，让相机自行处理。这样做一来可保持适当的现场气氛，二来即使有少量的偏色，也可在后期稍作调整（见图7-26）。

图7-26 舞台摄影采用自动白平衡模式

（3）测光的应用

舞台的灯光非常不均匀，一般来说，中间亮，四周较暗。由于演员所处的舞台位置不同，所受光的程度也不同，所以在测光时，如果是以主要的单个演员为主，则用点测光方式；如果是以整个舞台的台面为主，则用平均测光方式。在拍摄时，一般把光圈固定在最大一级上，如f2.8，再按演员活动的位置和照度以及动势程度，灵活调整快门速度。

在拍摄时一般可以采用两种测光方式：

如果舞台亮度相对均匀，可以使用偏重中央重点测光功能；如在拍摄大场面众多演员同时表演时，只要主体集中在相对中心部位或占据较大比例即可（见图7-27）。

图 7-27　使用偏重中央重点测光功能

在拍摄追光灯等或以暗背景为主场景时，如独唱、独舞等环境大但主体小的场景时，就需要使用点测光（见图 7-28）。

图 7-28　使用点测光功能

7.6.3　不要借助闪光灯进行曝光

舞台摄影从过去单纯的记录型逐步发展到现在的创作型，这个变化也就是舞台摄影从实用性转向艺术性的过程。借助闪光灯进行拍摄，无非是想将画面拍得更清楚，而这样做的后果是，闪光灯的光线会冲淡舞台特有的灯光和色彩效果，甚至会使舞台效果完全失去，而这些效果恰恰是舞台照的精华所在。因此，严格地讲，拍摄舞台照是不宜使用闪光灯的(见图 7-29)。

图 7-29　运用舞台光曝光

7.6.4　注意事项

一是携带一只轻便的独脚架，它将给你带来拍摄的方便；二是若要经常变换拍摄位置，最好是在两个节目的间隙进行，避免影响观众观看。

7.7　户外人像摄影

户外人像摄影也是广大摄影爱好者喜爱的一种拍摄题材，形式上多种多样，如同学、情侣、家人外出旅游，在风景、名胜古迹留影，也可以是特意安排的肖像拍摄。要想获得富有韵味、神形兼备的户外人像摄影佳作，应从以下几方面着重把握。

7.7.1　选择合适的地点拍摄

(1)旅游纪念照摄影

很多拍摄者总把握不好主体人物的放置方位，常犯的错误是把人物拍得很小，甚至让人辨认不出主体人物是谁。所以在拍摄主体人物置身于名胜古迹或风景之中的类似照片时，应尽量将主体人物靠近相机，将其放在画面的左侧或右侧，这样既能突出主体人物，又不会遮挡主题身后的景物（见图 7-30）。

图 7-30　旅游纪念照拍摄

（2）户外肖像照摄影的场地选择

这种拍摄，往往存在于现实生活中，是业余拍摄者有意识地想要跟某人拍一张或一组户外肖像。肖像，顾名思义，就是要尽量在整个画面中体现人物形象，而与旅游纪念照有所不同，不需要去选择特定的建筑或风景。所以拍摄户外肖像时地点位置的选择相对较多，如一小片灌木丛、一小块草坪、一小堆假石山等都是理想的选择地（见图 7-31）。

图 7-31　户外肖像摄影

（3）户外人像摄影前景和背景的把握

无论是旅游纪念照，还是肖像照，前景和背景都应当尽量紧凑、集中，不要留有多余的空隙，这样才会避免分散主体的杂光杂景进入画面；要善于大胆取舍，避免过于复杂，要选取重要前景和背景，舍去无关紧要的景物，使画面简洁明了。

7.7.2 器材选择

镜头的得当运用是人物形象展示中极其重要的环节。原则上讲，什么镜头都可以用来拍人像，85mm、105mm、200mm、300mm 长焦是常用的镜头，它有着虚化背景、简洁画面的特别功能，为了取得戏剧性的画面效果，也可用 17mm、20mm 超广角镜头。

如果是拍摄风景、名胜古迹中的人物肖像，就选择标准镜头和广角镜头，由于景深范围大，可兼顾人物和背景的清晰度。光圈的设定尽量小一些。在使用广角镜头拍摄时，注意不要离相机太近，避免人物变形。

如果是拍摄以人物为主的肖像，就选择 80~200mm 镜头为宜，此类镜头由于景深范围较小，可虚化掉杂乱的背景，从而突出人物肖像。光圈的设定可尽量大一些。

要想拍出好的户外人物肖像，反光板是缺一不可的辅助工具。由于拍摄户外人物肖像的最佳时间是一天中的早些时候和下午晚些时候，在逆光和侧光中拍摄时，亮度反差较大，反光板是给被摄人物暗部补光的极好工具。如果你没有专门的反光板，也可随身携带一张较大的白布或白纸来替代发光板，效果基本一样（见图 7-32）。

还要注意的是，要配上三脚架。

图 7-32　超广角使人物拉长

7.7.3　时机与光线的选择

户外人像摄影的时机依季节不同而不同，但无论春、夏、秋、冬，都尽量不要在正午用顶光拍摄人像，因为顶光会使人物脸部产生浓重的阴影。以下是各季节(我国中部地区)在晴天太阳光下拍摄户外人物的最佳时机：

春天：上午 7：30(起始)到 10：00(终止)，下午 3：30(起始)到 6：00(终止)。

夏天：上午 6：30(起始)到 9：00(终止)，下午 4：30(起始)到 7：00(终止)。

秋天：上午 7：30(起始)到 10：00(终止)，下午 3：30(起始)到 6：00(终止)。

冬天：上午 8：30(起始)到 11：00(终止)，下午 2：30(起始)到 5：00(终止)。

从上文可以看出，春、夏、秋、冬的拍摄时段都在上午的早些时候和下午的晚些时候，这是因为，这个时候的光线比较柔和，色温也较合理。如果在各季节的起始段和终止段左右的时间拍摄，可以拍到人物、树林、灌木较长的影子，同时由于色温偏低，会给人物、景物带来浓浓的暖意，使画面别有一番情趣(见图 7-33)。

户外人像摄影要正确把握用光。最好选择侧光或者逆光拍摄，侧光和逆光会给人物和景物产生层次感和立体感，画面的透视效果好，特别是逆光会给人物带来美妙的轮廓光线，还可强调头发、衣着的质感，带来晶莹剔透的视觉感受(见图 7-34)。

图 7-33　下午 5：30 的光线赋予暖意　　　　图 7-34　户外逆光人像

无阳光也能拍摄出美妙的户外人像。由于整个画面反差较小，应注意以下事项：

一是服装与背景颜色的搭配(互补色)。

二是充分利用镜头的功能，使背景虚化。

三是利用前景。这样的拍摄，能使主体与背景、前景分开，有层次感(见图 7-35)。

图 7-35　户外无阳光人像

7.8　花卉摄影

一幅优秀的花卉摄影作品，必须具备的要素：一是吸引人的主题，二是完美的用光，三是简洁的构图，四是和谐的色调(见图 7-36)。

7.8.1　突出主题

拍摄花卉，要通过用光、构图、色调对比、景深控制等技术手段把最引人入胜的地方突出出来。最起码的要求就是要把最精彩的部分拍清晰。小花最动人的地方是花蕊，为把她突出地表现出来，要使用手动近距，把焦距定在几厘米的位置，把光圈调到最小，以保证最大的景深(见图 7-37)。而许多卡片机没有手动对焦，可以退后使用长焦端拉近被摄主体。

花卉拍摄有一定的难度，一是手动聚焦不好掌握，在液晶显示器上看聚焦清晰了，可拍出来不一定清晰；二是小花卉一般比较低，不便于使用三脚架；三是在按下快门的瞬间，不能有任何风吹草动。解决这些问题的办法，只有反复拍摄、反复查验。

图 7-36　花卉摄影

图 7-37　突出主题

7.8.2　合理用好光线

对于花卉摄影来说，用光是至关重要的。在自然光线条件下，散射光和逆光容易拍出好的效果。散射光柔和、细致、反差小，能把花卉的纹理和质感表现出来。逆光画出轮廓，使质地薄的花卉透亮动人，而且可以隐藏杂乱的背景。

应该注意的是：在强烈的阳光照射下，用顺光和侧光，不容易把花卉拍好。雨后的清晨是拍花卉的好时段，花卉洁净娇艳；在散射光的条件下拍摄花卉，也应该细致地把握光线的角度，细心观察，认真运用（见图 7-38）。

7.8.3　注重拍摄时的正确曝光

有的拍摄者会因为数码图片可以在制图软件上随心所欲地调整效果，而忽视拍摄时的曝光问题。其实，后期调整固然能改善拍摄时的不足，但是后期调整的图片与拍摄曝光准确的图片的质感和色彩的饱和度相差是比较大的。所以拍摄时，一定要重视曝光问题（见

图 7-38　合理利用光线

图 7-39）。不具备手动曝光功能的相机，一定要利用好曝光补偿功能，背景亮度高时，一般要选择+0.7 或+1；背景亮度低时，一般要选择-0.3 或-1，具体的补偿系数要视背景与花卉的亮度差来确定。总之，前期拍摄一定要重视曝光的准确度。通常认为：花卉摄影忌讳把花拍得"亮堂堂的"（花瓣曝光过度）。

图 7-39　正确曝光

7.9　儿童摄影

7.9.1　儿童摄影的器材准备

如果你有足够的经费和兴趣，专业级微单或单反数码相机当然是最佳的选择。当然大多数拍摄者还是会选择消费级数码相机产品，拍摄儿童时推荐大家购买手动功能强、镜头光圈和变焦比大的准专业产品，时滞和连拍性能也是非常重要的参数。当然要拍摄好的儿童照片，器材的选择只是一方面，人的因素是决定性的，很多人使用"傻瓜"相机和袖珍数码相机也能拍摄大量有趣的儿童照片，大家不要一味贪高求新，只要用心，哪怕用千元级的产品也能拍摄出不错的儿童摄影作品(见图 7-40)。

图 7-40　儿童摄影

7.9.2　儿童状态和光线的调整

第一，应选择孩子一天中精神状态最好的时候，既不必让他吃得太饱，又不能有饥饿感，让孩子感觉舒适是拍好照片的保证(见图 7-41)。

第二，由于孩子在陌生环境里常会表现出胆怯的情绪，家长应配合摄影师尽快使孩子适应摄影室的环境，同孩子玩耍，把孩子逗乐(见图 7-42)。

图 7-41　儿童状态 1

图 7-42　儿童状态 2

　　第三，儿童摄影讲究纯真、生动、写真，不要过分地摆布和模仿姿势。孩子或躺或坐，或站立或跳跃，表情或喜悦或专注，应本着表现孩子自然、丰富的性格，而不必强求每张照片都要孩子望着镜头笑(见图 7-43)。

图 7-43　儿童状态 3

　　第四，儿童摄影的灯光要柔和，背景应简洁，切忌色彩杂乱。另外，家长应带几套孩子最喜欢的服饰，供摄影者选择搭配。

本章思考与练习

　　1. 拍摄集体合影时，应把握哪些因素?

　　2. 日出、日落和彩霞的拍摄，白平衡应怎样调整? 以什么部位来测光、曝光?

3. 夜间摄影中，一次曝光和多次曝光(多重曝光)各是什么意思？应怎样运用？

4. 拍摄动体时，可使主体"凝固"，也可使主体模糊以达到更强烈的动感效果。应如何运用快门？

5. 追随法拍摄的技巧是什么？

6. 舞台摄影中应注意哪些拍摄技巧和方法？

7. 户外人像摄影中，应注意哪些因素？

8. 花卉摄影中的技巧有哪些？

9. 儿童摄影中，如何抓住儿童的自然状态？

❖ 第 8 章 ❖
传 统 摄 影

8.1　了解传统摄影的意义

　　摄影术的诞生伴随着欧洲资本主义的发展应运而生，180 多年来，它经历了一个由简单到复杂、由低速向高速、由手工向自动化、由胶片向传感器方向发展的过程，但无论怎么进化，万变不离其宗，总也脱不开照相机和胶卷的传统模式，代代相传，直至今日。我们通过传统摄影的学习和了解，可以清楚地了解到摄影领域的过去、现在和未来，也能通过传统摄影的视觉延伸功能的分析，了解历史，从而更进一步地接近人类文明的发展愿望。

8.2　135 相机

　　135 相机在历史的长河中，已经盛行了半个多世纪，在进入 21 世纪后，仍不失魅力，特别是有部分专业摄影者还在广泛地使用它。

　　135 相机因使用 135 底片而得名。135 的"35"是指 135 胶卷的片身宽度（包括齿孔）为 35mm，它的源头是 35mm 电影胶卷（见图 8-1）；135 胶卷是代号，135 的"1"是 20 世纪 50 年代后为了与 35mm 电影胶卷区分才加的，有了 135 胶卷的代号后也就有了按胶卷类型分类的 135 相机这一正式称呼（见图 8-2）。

8.2.1　135 相机的特点

　　135 相机使用 135 胶卷，底片画幅是 24×36mm。一卷 135 胶卷，可以拍摄 36 幅画面。

　　135 相机由于体积较小，分量较轻，便于携带，一卷 135 胶卷可拍到画面较多，这对抢拍新闻照片特别有利，是报纸、通讯社摄影记者常用的相机；对广大业余摄影者来说，135 胶卷的冲洗液随处可得；135 反转片由于其完美的彩色饱和度、细腻的画面颗粒，受到摄影者的青睐。

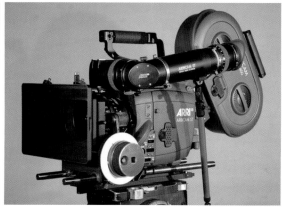

图 8-1　35mm 胶片和电影机

图 8-2　135 胶卷和传统 135 相机

8.2.2　135 相机的基本分类

（1）135 取景器相机

135 取景器相机是一种体积轻巧、采用平视旁轴取景的相机，其优点是轻巧，便于随身携带；操作简便，价格便宜；由于无反光镜弹起放下的噪声和振动，不易造成相机抖动而引起画面模糊，也不易影响被摄对象。不足是：一是无法更换镜头和使用滤镜，不能外接闪光灯；二是一般无手动控制光圈与快门速度功能；三是存在视差（见图 8-3）。

（2）135 单镜头反光相机

此种相机的特点是：相机内装有反光镜和五棱镜，取景和拍摄成像都通过同一镜头。其优点一是镜头可拆卸，配有多种可更换的镜头，从广角到中长焦的定焦镜头，再到各种变焦镜头一应俱全，这对提高拍摄效果来说是十分有用的；二是有效口径大，通光量好，在暗弱的光线条件下，手持相机都可以进行拍摄；三是多采用焦平快门，因此最高快门速度可达数千分之一秒以上，能捕捉高速运动的物体；四是有手动调节光圈和快门的功能，给予了拍摄者发挥想象和创意的手段。五是 135 单镜头反光相机由于取景和拍摄成像都通

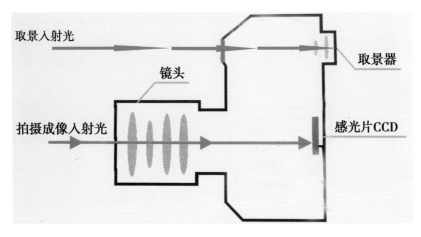

图 8-3 135 取景器相机光学示意图

过同一镜头，所以不存在视差问题。它是专业摄影者常用的一类相机。不足是：一是焦平快门所带来的闪光同步速度受到限制；二是反光镜的翻起落下带来的噪声和振动会影响画面的清晰度和被拍摄对象；三是体积大、价格贵(见图 8-4)。

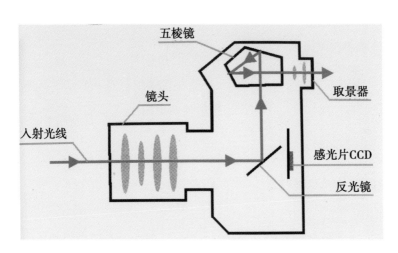

图 8-4 135 单镜头反光相机光学示意图

8.3 120 单镜头反光相机

8.3.1 什么是 120 单镜头反光相机

120 单镜头反光相机的光学原理同 135 单镜头反光相机一样，120 只是一个代号，它不说明什么问题。严格意义上说，120 相机是中型片幅相机，是基于 135 相机和 4×5 英寸相机之间的相机，但其画幅比 135 相机要大，而且因 120 相机的种类不同画幅也不同，有 60×60mm、60×45mm、60×90mm；可拍的底片数量也不同，可拍成 8 张、12 张、16 张不等。

8.3.2　120 单镜头反光相机的特点

由于底片画幅大，底片的质量高，可取得高质量的影像，并能制作大幅照片，对于追求影响质量的摄影者和广告摄影工作者，120 相机无疑是首选。

120 单镜头反光相机，因其镜头既做取景、测距，又做拍摄成像使用，所以无视差现象。

120 单镜头反光相机的底片是装入相机尾部后背的，而后背可拆卸、可置换，所以根据需要可配备多个后背，拍摄之前分别装入不同类型的胶卷。如黑白底片、彩色负片、彩色反转片等，在拍摄现场，如需换用不同品种的胶卷时，只需更换后背即可，十分方便。

120 单镜头反光相机有各种不同焦距的镜头供摄影者选择，以适应各种不同的拍摄需求。

8.3.3　120 单镜头反光相机的缺点

120 单镜头反光相机相对于 135 单镜头反光相机来说机身和镜头体积都比较大，体型笨重些，不方便携带，操作时也不如 135 相机灵活；由于一卷 120 胶卷可拍的张数较少，所以带来了更换胶卷的麻烦(见图 8-5)。

120单镜头反光相机　　　　　　　　　120单镜头反光相机机身与后背

图 8-5　120 相机

8.4 135 单镜头反光相机的功能及操作

135 单镜头反光相机虽品牌繁多，但其性能和操作步骤大体相同，这里我们以 DF-2000A 型相机为例来进行讲解。

8.4.1 DF-2000A 型相机各部分名称

DF-2000A 型相机各部分内容如图 8-6 所示。

对焦环

光圈环
总开关
倒片钮

倒片扳手
胶卷感光度环

闪光灯插

景深刻度
重拍开关

快门按钮
胶卷计数器

卷片扳手

快门速度窗

（a）

快门速度选择器

自拍开关

镜头座圈

镜头装卸标记

镜头装卸钮

反光板

景深预测钮

（b）

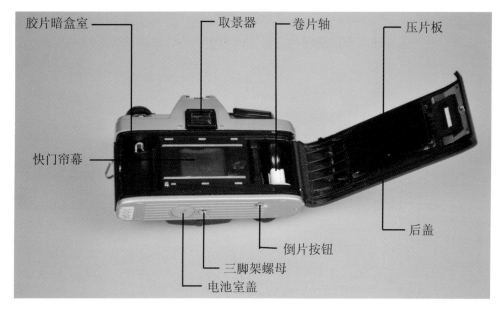

胶片暗盒室　　取景器　　卷片轴　　压片板

快门帘幕

后盖

倒片按钮

三脚架螺母

电池室盖

（c）

图 8-6　DF-2000A 型相机各部分名称

8.4.2　镜头的装卸

（1）装镜头

将镜头上的镜头装卸标记（红点）对准相机镜头座圈上的红点，然后把镜头插入镜头座圈，按顺时针方向转动镜头，直到发出"咔嚓"声，说明镜头已装上（见图 8-7）。

图 8-7　装镜头示意图

（2）卸镜头

一边按下镜头装卸钮，一边逆时针方向把镜头转到底，然后从镜头座圈中拉出（见图 8-8）。

图 8-8　卸镜头示意图

8.4.3　总开关与快门按钮

（1）总开关

把总开关推到"ON"（开）的位置使相机处于工作状态。拍照完后，请把总开关向相反方向推到底，以防止不小心使快门误动作从而消耗电池，但如要随时拍摄突如其来的意外镜头，可长时间将总开关置于开的位置（见图 8-9）。

图 8-9　总开关示意图

（2）快门按钮

当快门按钮被向下按到底时，快门就开始工作（见图8-10）。

图8-10　快门按钮示意图

8.4.4　胶卷的安装

胶卷的安装步骤如下：

① 扳起倒片扳手，向上连拉两下倒片钮，后盖会自动弹开（见图8-11）。

图8-11　安装胶卷1

② 将 135 胶卷暗盒的凸轴向下并装入相机胶卷槽内，然后压下倒片钮(见图 8-12) 。

注：安装或取出胶卷时，应避开直射光线，绝对不要触摸帘幕部分。

图 8-12　安装胶卷 2

③ 把胶卷拉出一小段，将前段插入卷轴沟内(见图 8-13) 。

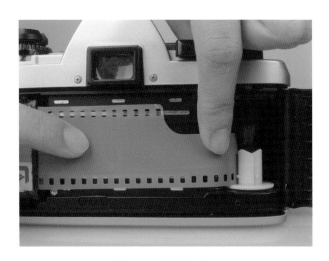

图 8-13　安装胶卷 3

④ 重复按动快门按钮、扳动卷片扳手的动作，直到胶卷上的两排小方孔和胶卷滑轮上的齿轮吻合为止(见图 8-14) 。

⑤ 在胶片扳手没有转到尽头，或者总开关没有打开这两种情况下，快门按钮是按不下去的。

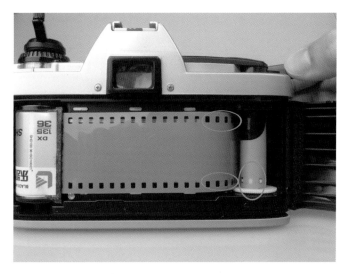

图 8-14　安装胶卷 4

⑥ 确认胶卷确实处于拉紧状态后，关上相机后盖(见图 8-15)。

图 8-15　安装胶卷 5

8.4.5　快门与光圈的调节

拍摄时根据需要，转动调速拨盘和光圈调节圈，以选择适当的快门速度和光圈，并将选择好的速度和光圈分别对准相应的标记，必须注意：调速时速度必须调节在每一挡的定位挡内(见图 8-16)。

图 8-16 光圈的调节

8.4.6 对焦的调节

① 磨砂玻璃对焦：转动对焦环，调到整个影像清晰为止，适用于活动的物体的拍摄。

② 裂像式对焦：转动对焦环，调到中心裂像上下的影像一致为止，适用于有垂直线条物体和静物的拍摄。

③ 微棱式对焦：转动对焦环，调到微棱环上的影像不发光或没有破裂为止，适用于没有垂直线条物体的拍摄。

8.4.7 相机自拍的调节

一般情况下，拍摄者要将自己也摄于画面中时才使用相机自拍功能。

自拍系统可延迟 10 秒钟启动快门。

① 在固定的支撑物(如三脚架)上固定相机、构图，并对焦。

② 把快门和光圈设定好，以达到正确曝光。

③ 向上拉出自拍开关。

④ 按动快门按钮。在自拍系统起动快门之前，指示灯(红色)闪亮以指示快门启动前所剩余的时间。自拍进行时指示灯前 8 秒钟每秒闪烁 2 次，最后 2 秒钟连续闪烁。

注：启动自拍系统后，如想要停止自拍，可向下推下自拍开关或把总开关推到关的位置。

自拍完毕后，切记将自拍开关关闭，否则下一张拍摄时也会按自拍顺序执行，导致误拍和浪费胶片(见图 8-17)。

图 8-17　自拍开关示意图

8.4.8　慢门(B门与T门)的运用

(1)B门的运用

当快门速度设定于"B"位置时,在按下快门按钮时快门打开,直到松开快门按钮时快门才关闭。这样就可以获得 1 秒以上的曝光时间,适用于夜间摄影。使用"B"门时,应使用三脚架或其他稳固的支撑物固定相机,为避免按动快门按钮或启动快门时相机震动,可使用快门线,如果曝光时间较长,可以用快门线上的锁定装置将快门锁定至完全敞开状态,这是最为方便的操作方法(见图 8-18)。

图 8-18　B门示意图

（2）T门的运用

当快门速度置于"T"位置时，在按下快门按钮时快门打开，这时松开快门按钮，快门继续保持打开状态，直到再次按下快门按钮时快门才关闭（在较长时间曝光时，此功能可代替快门线锁定装置）。这样就可获得 1 秒以上的曝光时间，同样适用于夜间摄影。运用"T"门时，应使用三脚架或者其他稳固的支撑物来固定相机（见图 8-19）。

图 8-19　T门示意图

8.4.9　胶卷盒胶卷感光度的设定

135 相机使用 135 胶卷，每盒胶卷都标有该胶卷的 ISO 感光度指数，为得到正确的曝光，相机上的胶卷感光度必须设定为与使用胶卷感光度的指数一致。操作是：按住胶卷感光度环释放钮，旋转胶卷感光度环直到所需要的感光度指数和标记线对齐，放开释放钮，感光度环就被锁定了。

相机的背面左侧有一胶卷检查窗，此窗方便确认所装胶卷的感光度数及型号。

拍摄时根据需要转动调速拨盘和光圈调节圈，以选择适当的快门速度和光圈，并将选择好的速度和光圈分别对准相应的标记，必须注意：调速时速度必须调节在每一挡的定位挡内（见图 8-20）。

8.4.10　内测光系统的运用

DF-2000A 型相机有一内测光功能，使摄影者在拍摄时能正确控制曝光量，因此在使用时还需增加测光操作。

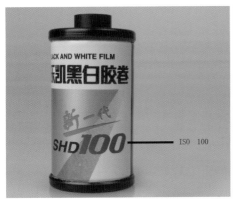

图 8-20　感光度调整窗口

测光的操作步骤：把电源开关推到"ON"。轻按快门按钮，测光电路开始工作，取景器内灯(LED)会点亮，如果先设定速度，则转动光圈环；如果先设定光圈，则转动速度盘，直到绿灯亮，表示已选定了合适的曝光量(当手指离开快门按钮后，LED 能继续亮 15 秒钟)

电池的检测步骤：轻按快门按钮时，如果电池充足，LED 会发出明亮的亮光；如果电池不足，LED 会发出微亮的暗光；如果电池耗尽，所有的 LED 都不会亮，快门也被锁定(见图 8-21)。

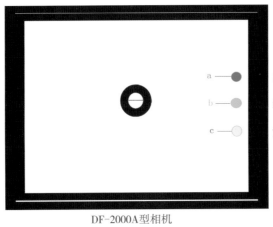

红灯表示曝光过度

绿灯表示曝光正确

黄灯表示曝光不足

DF-2000A型相机

图 8-21　内测光系统示意图

8.4.11　景深预测按钮的运用

通常，在取景对焦时，单反相机的镜头光圈处于最大通光口径状态。这样有利于明亮取景和精确对焦，但不能直接观察到实际设定光圈时被摄主体前后景深的范围。DF-2000A 型相机特设的景深预测功能可解决这一问题。

具体操作是：在确定被拍摄主体并完成取景对焦设定曝光组合后，用左手大拇指按下景深预测按钮，镜头光圈即收缩到已设定的光圈值，此时所观察到的对焦屏上被摄主体前后的模糊景深变得清晰起来，前后清晰的范围即被摄主体的景深范围。如果认为景深过大或过小，可重新设定光圈，并重复景深预测操作，直至获得所需要的景深范围(见图 8-22)。

随着使用经验的增长，景深预测将会更精确。

景深预测按钮

图 8-22　景深预测按钮示意图

8.4.12　胶卷的倒卷和取出

① 按下相机底部的倒片按钮(注：如果未按下此按钮，直接倒片，将会把胶卷拉断，导致拍完的胶卷难以取出，见图 8-23)。

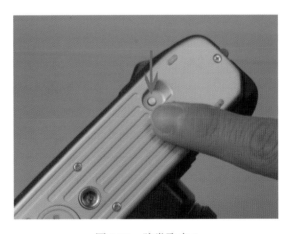

图 8-23　胶卷取出 1

② 扳起倒片扳手，顺着扳手上的箭头所示方向转动，直到胶卷全部倒回暗盒内位置（见图 8-24）。

图 8-24　胶卷取出 2

③ 打开后盖，取出胶卷(注：当胶卷未倒回暗盒时，切勿打开相机后盖，见图 8-25)。

图 8-25　胶卷取出 3

8.4.13　相机的保养和存放

照相机的内部结构非常精密，请注意不要摔落或碰撞。另外，如果相机落入水中，或者相机内部进入水分，水会流到手够不到的地方，使零件生锈，有的不能修理，即使有的能修理，修理费也会很贵，所以在水边使用时，请高度注意。

在温度非常低的场所使用，有时会影响正规的动作，所以相机要保温使用，特别是在温度变化很大时，相机内部容易产生水分，请避免这样的情况。

相机最怕灰尘，要经常清扫，保持干净，要用柔软干净的布轻轻擦拭，绝对不要使用有机溶剂清洗。

镜头应随时保持清洁，万一不慎弄脏，请先用吹风刷清除灰尘，再用柔软干净的布轻轻擦拭，如果还不干净，可以用镜头纸沾上少量的镜头清洁液轻轻擦拭，除了清洁液以外，其他一律不要使用。绝对不要用手触摸反光镜，少量的灰尘污物不会影响反光镜的功能。

在海岸边摄影后，请用柔软的布仔细地把相机表面的盐分等擦拭干净。

在清扫相机的镜头接合环表面时，请用干净的布轻轻擦拭，不要使用有机溶剂。

两个星期以上不使用相机时，必须把电池取出来。

相机不能放在高温或潮湿的地方，应该放在通风较好的地方，和干燥剂一起放入盒中保存最好。

搬运相机时，不要放在汽车的后备箱或后窗等高温的地方，防止相机发生故障。

我们已经了解了照相机和镜头，下文要谈谈照相感光材料——胶片（胶卷）。胶片和胶卷从本质上讲是一样的，该技术早期都是以页片形式出现，因此叫作胶片，后来柯达公司发明了卷装技术，可以说胶片就是胶卷的集合。

8.5　黑白胶片的基本组成

黑白胶片包含两个基本组成部分：感光乳剂和片基（见图 8-26）。

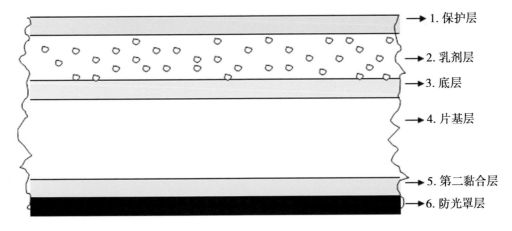

1. 保护层
2. 乳剂层
3. 底层
4. 片基层
5. 第二黏合层
6. 防光罩层

图 8-26　黑白胶片结构

8.5.1 感光乳剂

乳剂层是感光材料不可缺少的构成部分，其中的感光物质在曝光时可记录在乳剂层上形成的光学影像，并在化学加工以后产生可见的银影像。

乳剂层上面涂布一明胶层，即保护层，厚度为 1 微米。它的主要功能是防止乳剂层因受摩擦而产生摩擦灰雾。

乳剂层和片基之间是底层。它是由明胶和少量的片基溶剂溶解于水组成溶液，涂布于片基上。底层的作用是将乳剂层紧黏在片基上。

8.5.2 片基

片基是乳剂的载体，可使感光材料具有一定的机械强度。片基的厚度依胶片类型不同而不同，135 胶卷的片基约 0.135mm，120 胶卷的片基约 0.120mm，散片约为 0.21mm。

片基与防光罩层之间有第二黏合层，作用是和底层一样将片基与邻层相黏接。

片基的背面涂有防光罩。防光罩层具有防光晕、防静电、防卷曲的作用。

8.6 常用的黑白胶卷(负片)类型和尺寸

8.6.1 135 胶卷

135 胶卷是供 135 型照相机使用的一种胶卷，一卷可拍 24 张、36 张不等。135 胶卷的画幅面积为 24×36mm。

8.6.2 120 胶卷

120 胶卷是供 120 型照相机使用的一种胶卷，一卷可拍 12 张、16 张、10 张不等。它们的画幅面积分别为 60×60mm、56×45mm、56×70mm，根据 120 相机画框尺寸的不同而不同。

8.6.3 散页胶片

散页胶片主要用于画幅的照相机。最常用的尺寸是 4×5 英寸、5×7 英寸、8×10 英寸。它一般是单页散装或 12 页装的胶片包。

8.7 黑白胶片的特性

黑白胶片有四个主要特性：感色性，感光度(胶片速度)，颗粒度，反差和宽容度。

8.7.1 感色性

感色性是指感光乳剂对各种色光的敏感情况。不同类型的黑白胶片对色彩的反应是不同的。有些胶片对红色比其他色敏感，有些则对蓝色敏感。作为摄影者需要懂得感色性的三种基本类型：全色片，色盲片，分色片。

① 全色片。全色片是常用的一种片型，它对可见光中的红、橙、黄、绿、青、蓝、紫色光均能起敏感反应。即：浅蓝将在胶片上呈现一种灰影调，而深蓝将在胶片上呈现为另一种不同的灰影调。对红色、黄色、绿色等也是如此。虽然我们不能在黑白全色片上看到彩色，但可以看到影像的相对光度和暗度。

② 色盲片。色盲片不用于通常的拍摄，只用于翻拍黑白文字、线图及用于拷贝黑白幻灯片，原因是其只对可见光中的紫、蓝色光起敏感反应，对其他光不起反应(不感光)。也就是说对有红、橙、黄、绿光的景物而言呈黑色。

③ 分色片。又称正色片，它对除红色、橙色以外的其他色都敏感。当用分色片拍一个带有红色的景物时，在这张负片上红色区域景物显得相对淡一些，因为分色片"看不见"红色。分色片在现代摄影中主要用于印刷制版、黑白图表的翻拍、暗房特技的拷贝等方面。一般在常规的拍摄中已不采用分色片。

8.7.2 感光度

感光度又称"片速"，指胶卷对光线的敏感程度。

任何一卷胶卷在拍摄时都要考虑胶卷的感光度，即有些胶卷比另外一些胶卷需要更多的光来使卤化银晶体起作用，需要光很少的胶卷称为高速片(快片)，需要更多光的胶卷称为低速片(慢片)。

(1)高速片与低速片

黑白全色胶卷的片速种类有 ISO25、32、50、100、200、400、800、1600、3200 等，常用的是 ISO50、100、200，高速片的范围在 ISO400 以上，中速片的范围在 ISO100~200，低速片的范围在 ISO50 以下。在一般情况下拍摄时常用中速片。

高速片的特性是：宽容度大，可提高快门速度，适宜在较暗的环境中拍摄，但颗粒粗、解像力低、反差性低、灰雾度大、保存性差。

低速片的特性是：颗粒细、解像力高、反差性高、灰雾度小、保存性好，但宽容度小，快门速度提不高，不适宜在较暗的环境中拍摄。

（2）感光度的标记

世界各国对胶卷感光度的标记不统一、有"GB 制""DIN 制""ASA 制""ISO 制"。我国用得最多的一种是"ISO 制"。它是国际标准组织在 1979 年公布的感光度标记，旨在统一世界各国对感光度的标记。如 ISO100 读作"ISO100 度"。感光度的数值相差多少，表示感光度相差多少，如 ISO200 是 ISO100 的 2 倍。

（3）高速片的实用价值

根据以上的感光度与感光度之间的这种倍率关系，我们就不难得出高速片在较暗环境中能提高快门速度进行拍摄的实用价值（见表 8-1）。

表 8-1 高速片实用价值列表

ISO	快门	光圈	对于静物画面效果	对于动体画面效果
100	1/15 秒	f2.8	模糊	完全模糊
200	1/30 秒	f2.8	较为模糊	模糊
400	1/60 秒	f2.8	较清晰	较为模糊
800	1/125 秒	f2.8	清晰	较为清晰
1600	1/250 秒	f2.8	清晰	清晰

8.7.3 颗粒度

晶体在曝光后会发生变化和结团，这种结团形成的形状我们称作颗粒性。颗粒性越大越粗糙，图像越不清晰，越缺乏影像细节。

人眼在一般情况下观看底片或照片的银影时，觉得比较均匀一致。看不出有什么颗粒状态，但颗粒度的直观效果与影像放大倍率密切相关，当颗粒性在影像放大 5~10 倍时，即可察觉有明显的颗粒状。另外，胶卷感光度的高低与它的颗粒度成反比，感光度越高，颗粒越粗，反之越细。因此，在光线照度充足的情况下拍摄，不要使用感光度高的胶卷。

8.7.4 反差和宽容度

（1）什么是反差

反差是指敏感亮度的比值。反差体现在胶卷、景物、影像之中，不同感光度的胶卷有不同的反差，一般规律是低速片反差大，高速片反差小。

所摄景物有明暗差别，这种差别大，则称景物反差大；反之，则称景物反差小。

影像也有明暗差别，这种差别大，则称影像反差大；反之，则称影像反差小。

（2）反差在摄影中的使用价值

一是不同感光度胶卷所带来的影像反差效果是不一样的，如果你想拍摄出反差适中的画面效果，就选择中速片胶卷（ISO100～200）；如果你想拍出反差较小的画面效果，就选择高速片胶卷（ISO400 以上）；如果你想拍出反差较大的画面效果，就选择低速片胶卷（ISO50 以下）；如果你想创造出不寻常的高反差艺术效果，就可以使用高反差胶卷，它使物体的中间调子被去掉，只有刻板的黑白反差保留下来。

二是人为利用光线的强弱，达到自己想要的景物、影像反差效果。如果拍摄的对象是儿童、新婚夫妇等，明暗反差一般为 1∶1；如果想拍摄出富有立体感强的建筑和风景画面，明暗反差就应大一点，一般为 3∶1 或 4∶1，如果要体现出富有阳刚之气的人物，敏感反差就应更大一些，一般在 4∶1 以上。

（3）宽容度

宽容度是指胶卷所能正确容纳景物明暗反差的范围。能将明暗反差很大的景物正确记录下来的胶卷称为宽容度大的胶卷，反之则称为宽容度小的胶卷。一般来说，胶卷的宽容度越大越好，宽容度小的胶卷，常会使得景物明暗部分在影像上得不到正确反映，损害影像的真实性。

任何景物表面都有其最亮部分到最暗部分的差别，这种明暗之间的差别，可以用比例数字来表示。例如：某一景物最亮部分比最暗部分要明亮 100 倍，那么它们之间的比例数字是 1∶100，这就是景物的明暗差别。

黑白胶卷的宽容度是 1∶128 左右，彩色负片的宽容度在 1∶32 到 1∶64 左右，彩色反转片的宽容度仅为 1∶16 到 1∶32 左右。

在摄影曝光中，使用宽容度较大的胶卷去拍摄明暗反差较小的景物，即使曝光量稍微多一些或少一些，对底片的密度影响不大。从实用的角度来讲，胶卷的宽容度越大，对曝光控制越有利。

那么，在摄影实践中，怎样来判断不同胶卷的宽容度范围呢？一般情况下，采用该胶卷"能允许曝光误差正负几挡"来表示宽容度。

彩色负片的宽容度是正二挡、负一挡，彩色反转片的宽容度是正一挡、负半挡，黑白胶片的宽容度是正三挡、负二挡（见图 8-27）。

此例告诉我们，f8 能达到精确曝光，虽然 f5.6、f4、f3.5 在 f8 的基础上分别增加了一挡、二挡、三挡的曝光，但它们都在宽容度之内，所以仍能记录景物敏感范围，也就是

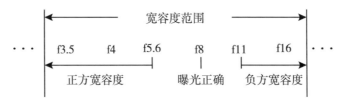

图 8-27　黑白胶卷宽容度

说，可以用 f5.6、f4、f3.5 的光圈来拍摄；虽然在 f11、f16 在 f8 的基础上分别减低了一挡、二挡的曝光，但它们也在宽容度之内，所以也能记录景物明暗范围，也就是说，可以用 f11、f16 的光圈来拍摄。

以上例子还告诉我们，在没有把握的情况下，所设置的曝光光圈值宁愿靠正方（光圈值开大一些），也不要靠负方，因为负方的宽容度范围较小，特别是彩色负片和彩色反转片。

8.8　彩色胶卷的类型

在学习摄影的初期，我们建议用黑白胶片，训练眼睛从完全不同的角度去观察光，观察细微处的美丽、层次丰富的灰色影调。在达到一定的摄影技术程度后，才可转向彩色片的摄影，你可以从绚丽多彩的万花筒中享受到所有的欢乐与神秘。

在数码摄影盛行的今天，虽然黑白及彩色胶卷的使用已失去了它们以往的辉煌，但它们所带来的无穷魅力及良好的画面质感、逼真的色彩还原效果仍然备受摄影者和专业摄影者的青睐。这里将作简单介绍。

目前各国生产的彩色胶卷从用途来分，有彩色负片、彩色反转片、彩色正片和彩色中间片四种。其中彩色正片感光度比较低，一般只用于印刷幻灯片，或作彩色电影拷贝片用；彩色中间片是专供从彩色反转片（正片）拷贝彩色中间负片使用的胶片；而直接用于摄影的实际上只有彩色负片和彩色反转片两种类型。它们的感光度、宽容度等方面基本和黑白胶片相同，区别在于彩色片的结构、用途及特性不同。

8.8.1　彩色片的结构

彩色片上有三层不同的感色层，如果看一下彩色片的横截面，用显微镜放大来看，有三层，如图 8-28 所示。

彩色胶片有三层感光乳剂层，在这些乳剂层里面分别含有不同的能够生成染料的有机化

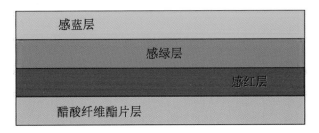

图 8-28 彩色胶片结构

合物，叫做彩色耦合剂（成色剂）。它们本身是无色的，但在彩色显影时能与彩色显影剂的氧化物耦合成有色的染料。对于负片，上层盲色乳剂里所含的耦合剂在彩色显影时形成黄色，中层形成品红色，下层形成青色。这就是我们经过冲洗后的彩色胶片。通过扩印或放大再把影像投射到相纸上或者将反转片反转冲洗，胶片上层的黄色转变为蓝色，中层转为绿色，下层则转为红色，此时我们就得到了与自然状态一样的彩色照片或者透明的反转片。

8.8.2　彩色负片的特点

① 彩色负片经拍摄、冲洗后，在胶片上产生原景物的补色影像，呈现彩色透明负像，它们的红、绿、蓝色分别呈现为青、品红、黄色。

② 彩色负片主要用于印放大小不同的彩色照片，也可制作成黑白照片。

③ 彩色负片相对于彩色反转片来说，容易掌握拍摄，因为彩色负片的曝光宽容度比彩色反转片要大，调色温方法不需要像彩色反转片那么严格（见图 8-29）。

图 8-29 彩色负片

8.8.3 彩色反转片的特点

① 彩色反转片经拍摄、冲洗后，在胶片上产生原景物的色彩影像，呈现彩色的透明正像，它们的红、绿、蓝色分别呈现为红、绿、蓝色。

② 彩色反转片主要用于制作幻灯片，可直接供幻灯机放映用。

③ 彩色反转片还可用于印刷制版，效果质量比彩色照片的印刷制版要好很多，因为彩色反转片无论在影像清晰度、色彩饱和度，还是在层次、颗粒度等方面，都非常优良。

④ 彩色反转片也可以制作成彩色照片，供个人存放影册或者影展使用。

⑤ 相对于彩色负片来说，在同等画幅、同等感光度的情况下，彩色反转片的色彩更鲜艳，清晰度更高，颗粒更细腻，层次更丰富，保存的时间也比彩色负片长，经专家鉴定，经彩色负片拍摄的影像在 15 年内保持不变色，而经彩色反转片拍摄的影像可长达 90 年不变色(见图 8-30~图 8-32)。

图 8-30　彩色反转片

图 8-31　彩色幻灯片

8.8.4 日光型和灯光型彩色胶片

为什么要分日光型和灯光型呢？这是因为用彩色胶片拍摄时，关系到色彩平衡的问

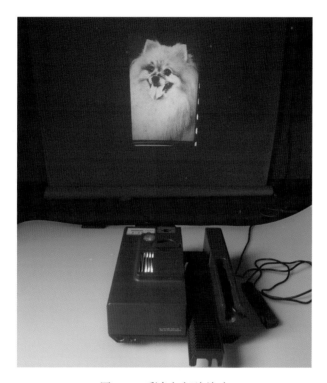

图 8-32　彩色幻灯片放映

题，这是彩色片完全与黑白片不同的特征，在拍摄黑白照片时，不论光源是日光、电子闪光灯、碘钨灯，还是家用白炽灯，都可以用同一种胶片，但用彩色胶片拍摄时就不行了，原因是不同光源的色温不同。例如：太阳色温高，产生的光很蓝；白炽灯色温低，产生的光为红橙色。一般来说，色温越高，光越偏蓝，色温低，光越偏黄、橙、红。色温用绝对温度 K 表示。为了使彩色胶卷理想而准确地表达自然界的色彩，同时使胶卷与高色温和低色温这两个极端在色温上能达到一致性，所以有了彩色胶卷日光型和灯光型的分类。

　　日光型胶片适合在阳光下或者电子闪光灯的照明下拍摄，其平衡色温为 5400~5600K。灯光型片适合在碘钨灯、钨丝灯(白炽灯)下拍摄，平衡色温为 3200~3400K，相反，如用日光型胶片在碘钨灯、白炽灯下拍摄，会使所拍摄的影像偏橙红；如将灯光型片在阳光下或电子闪光灯下拍摄，所拍摄的画面就会偏蓝绿(见表 8-2)。在正常情况下，这是一种错误的彩色胶卷选择。当然，如果是想有意识地使画面产生某种色彩的偏色，以渲染某种气氛，是可以反向选择的。如拍摄日出的画面，经常运用彩色平衡反向选择法。即日出时，太阳和天空是低色温(2000K)，为了渲染太阳和天空的绚丽，我们常常用日光型的高色温(5500K)胶片去拍摄，这样所拍摄的画面就更加红润辉煌(见图 8-33)。

为渲染气氛，反向选择用日光型胶卷拍摄低色温下的日出，色彩更加绚丽辉煌

用灯光型胶卷在高色温下
拍摄的景物偏蓝绿

用日光型胶卷在低色温下
拍摄的景物偏橙红

图 8-33　不同色温的胶卷拍摄产生不同的颜色效果

表 8-2　光源与色文对照表

光源类别	色温度（K）
日出、日落	2000 左右
日出后和日出前 1 小时左右	3200 左右
中午前后两小时左右的阳光	5500 左右
有云遮日的阳光	6600 左右
阴天	7700 左右
蓝天	10000 左右
电子闪光灯	5500 左右
碘钨灯	3200 左右
白炽灯	2800 左右
蜡烛灯	1600 左右

拍摄后的胶卷是看不到影像的，即潜影，而想将感光了的潜影转变为看得到的影像，就需要对此胶卷进行冲洗。冲洗正确与否直接影响成像质量。一卷胶卷的冲洗过程要经过显影、停显、定影、水冲、干燥五个步骤。

8.9　黑白胶卷的显影

8.9.1　显影工具的作用

① 显影罐的作用：显影罐起到明室冲卷的作用，将胶卷装入避光的显影罐后，冲洗的显影、停显、定影都在其中进行。

② 暗袋的作用：是胶卷装入显影罐这一环节的外围避光工具，暗袋体积小，使用方便，可在任何明亮的室内环境中进行操作，不需要专门的暗房。

③ 温度表的作用：显影时，药液的温度要求非常严格，只有在合适的药液温度下配合适合的时间才能冲洗出较好的底片。所以温度表的作用，一是配药时用它衡量水温，二是在胶卷显影中调节和监视药液的温度。

④ 量杯的作用：量杯最好使用塑料制品，因为不容易摔破，也很轻便（见图 8-34）。容量一般以 1000ml 为宜。量杯主要用于配制药液，也可用作显影罐中药液倒入倒出的容器，还可用来观察药液的浑浊程度和损失状况（如果一罐药液冲洗过多的胶卷，药力将大大损失，这时需要加补或换新的药液）。

图 8-34　显影工具

8.9.2　显影的目的

将已拍摄曝光的胶片放入化学药品显影液（如 D76 等型号）中，显影液只对胶片上受了光的那部分卤化银起作用，即把受光部分的卤化银转变成金属银，没有受光部分的卤化银晶体不会转变成金属银。

8.9.3　显影步骤

（1）卷片过程

① 准备好要冲洗的胶卷及暗袋、显影罐、剪刀、量杯、温度计等。

② 将胶卷、显影罐放入暗袋中，并将暗袋锁好，不得漏光（见图8-35）。

图 8-35　卷片过程

③ 卷片（暗袋中进行）：剪切胶卷尖端部分后，将片头插压在卷轴中心的弹簧内，并利用手指轻压胶卷两边，旋转卷轴，从里往外卷胶卷；卷到胶片末尾后，用剪刀剪断即可；将卷好的卷轴放入显影罐中，盖紧盖子，即可把整个显影罐从暗袋中取出（见图8-36）。

（2）显影过程

① 显影时要控制显影时间。显影时间是通过显影液的温度来确定的（见表8-3），最理想的是20度、10分钟。将显影罐上方的小盖打开，倒入显影液（从倒入显影液开始计时，见图8-37）。

表 8-3　常用显影液的温度—时间调整表

	16℃	17℃	18℃	19℃	20℃	21℃	22℃	23℃	24℃	25℃	26℃	27℃	28℃	29℃	30℃
D76（分钟）	13	12	11.5	10.5	10	9.5	8.5	7.5	7	6.5	6	5.5	5	5	5

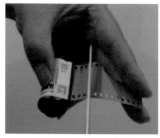

剪切胶卷尖端部分　　　　片头插压在弹簧内　　　　手指轻压胶卷两边

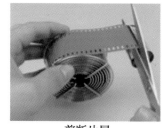

剪断片尾　　　　　　　卷轴放入显影罐中　　　　　盖紧盖子

图 8-36　卷片

打开小盖　　　　　　　　　　　　　　　　　　倒入显影液

图 8-37　倒入显影液

② 倒满显影液后，将小盖盖上，同时左右匀速晃动显影罐 10 秒，确保胶卷充分接触药液；之后，每隔 1 分钟晃动一次。显影到 10 分钟时，迅速将药剂倒出显影罐（见图 8-38）。

将显影液倒出显影罐

图 8-38　晃动并倒出

8.10 停显、定影

8.10.1 停显目的及停显步骤

(1)停显目的

黑白胶卷经过显影后,需要用停显液停止显影。其功能一是中和掉胶卷上的显影液,即用停显液中的酸性中和掉显影液中的碱性,使显影立即停止;二是防止胶卷上残留的显影液污染和影响定影液。

(2)停显步骤

停显步骤很简单,就是在显影液倒出冲洗罐后,立即将停显液倒入冲洗罐,停显时间为30秒左右,并做搅拌操作。在没有配制停显液的情况下,也可用清水代替停显液,但在30秒之内应换水冲洗1~3次,并做搅拌操作。

8.10.2 定影目的及定影步骤

(1)定影目的

胶卷经过显影后,仍有大部分乳白色的卤化银存在,定影的目的就是把胶卷上还未还原为黑色金属银的卤化银溶去,使胶片上只剩下黑色金属银影像,从而把影像固定下来。

(2)定影步骤

停显步骤完成后,应立即进行定影。把冲洗罐中的小盖打开,倒入定影液。掌握好定影液的温度与时间是关键。温度在16~24℃,定影时间在10分钟为最佳;若定影液温度低于16℃以下,就应该适当增加定影时间;若在24℃以上就应该适当减少定影时间。在整个定影过程中,应每隔一分钟左右搅拌一下冲洗罐,使胶片各部分能充分定影。

定影液倒入冲洗罐中后片刻,就可打开冲洗罐大盖,在亮处边定影边观察。作为一种常规使用的定影方法,可以胶卷边缘透明为准,在此基础上再加一倍的时间来控制定影时间,比如定影4分钟时,胶卷边缘已透明,那就再加4分钟。

8.11 水洗与干燥

水洗是指冲洗掉胶片上残留的定影液和银盐,使胶片上留下黑色金属银的影像。

8.11.1 水洗的方法

定影完后，将卷轴从冲洗罐中取出，放入大盆或大水槽内进行流水冲洗。水温在 10℃~25℃比较适宜。水温在 20℃时用流水冲洗 30 分钟，低于 20℃应适当延长冲洗时间，若水温高于 20℃时应适当缩短冲洗时间。水洗一定要彻底，否则影像保存时间不长，还会发黄(见图 8-39)。

8.11.2 干燥目的及要领

干燥是将胶片上的水分彻底去掉，便于存放。干燥操作时，先把胶片上的水分抹去，可用干净的药棉、海绵来夹抹胶卷。水分处理掉后，再把胶卷直立挂起，使其自然干燥。挂起时，上端和下端都应用夹子夹住，避免胶卷自然卷曲从而造成乳剂膜的划伤(见图 8-40)。

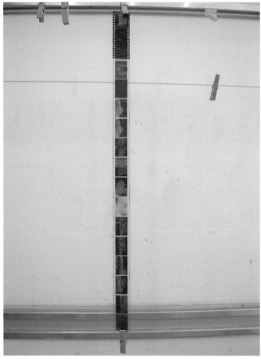

图 8-39　流水冲洗 30 分钟　　　　图 8-40　胶片干燥

8.12 放大暗房布局及放大机结构

8.12.1 放大暗房布局

黑白相片放大暗房的布局,主要以红灯(安全灯)照明,杜绝其他任何光源的进入为基准,以放大部分与冲洗部分设施分开(干湿分开)为宗旨(见图8-41)。

放大暗房

放大部分

冲洗部分

图 8-41　放大暗房布局图

8.12.2 放大机的结构

① 立柱。是放大机机头升降轨道支柱,通过它可使机头固定在立柱的任何位置上,如想要照片放大一点,就往上升,反之向下降。

② 底座。是支撑立柱的坚实基础,放相时,其也是放置放大尺板和相纸的平台。

③ 灯室。内装光源,并有散热功能。

④ 光源。起到对相纸曝光的作用,是一种能更换的特制的白炽放大灯。

⑤ 聚光镜。安置在光源与底片之间,把通过灯室的光线聚光后投射到底片夹上。

⑥ 底片夹。可以取下,用以固定底片。有的放大机和底片夹是可以根据底片的大小进行调节的。

⑦ 镜头。底片的光线由镜头聚焦后,投影到相纸上形成一个清晰的影像。镜头上有光圈,用以调节投射到相纸上的光亮度。

⑧ 升降手柄。按下手柄,可升降机头来调整放大尺寸。松开手柄,即可固定调整后的尺寸。

⑨ 对焦旋钮。通过前后旋转对焦旋钮。可上下移动镜头,使投射到相纸上的底片影

像清晰(见图 8-42)。

图 8-42　放大机结构

8.12.3　放大机部分配套设施

(1)放大机曝光定时器

定时器连接放大机,达到对相纸影像的精确曝光。定时器有两种类型,一种是刻度式,另一种是电子显示式。它们都是以秒来划分的(见图 8-43)。

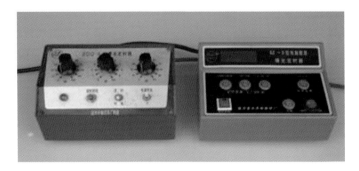

图 8-43　放大机曝光定时器

(2)安全灯

黑白暗房内,都是以红灯为安全灯,因为它对黑白相纸不感光,可起到一定的照明作用，给操作带来很大方便。但是红灯(特别是靠近放大机旁边的安全灯)的亮度不能太大，否则会干扰相纸，导致其产生灰雾(见图8-44)。

暗房安全灯　　　　　　　　　　　　放大安全灯

图8-44　黑白放相安全灯

(3)相纸的纸面和纸号

纸面：① 光面纸。主要用来印放新闻宣传照片、生活照片等。光面纸可呈现底片上的每个细节，质感较强，所以用途广泛，使用较多。

② 绒面纸。用于人像或特殊风光照片。因为它有不规则的纹路，可使人物或风景更为柔和。

纸号：为了适应不同密度、反差的底片，黑白相纸分为软、中、硬三类。国内生产的相纸以1、2、3、4号表示，依次表示软性、中性、硬性、特硬性。

① 如果底片曝光和冲洗正常，底片上的影像反差就不会有大的差异，这样的底片称为标准底片，可用2号相纸放相(见图8-45)。

图8-45　正常底片

②当底片密度较厚、反差较大时，可用 1 号相纸放相，这样可降低影像的密度和反差（见图 8-46）。

图 8-46　较厚底片

③当底片密度较薄、反差较小时，可用 3、4 号相纸放相，这样可提高影像的密度和反差。底片与相纸选择使用得当，放相出来的照片层次反差就好（见图 8-47）。

图 8-47　较薄底片

8.13　放大步骤

第一步，打开电源。

打开所有应打开的电源，包括曝光定时器、红色安全灯等。

第二步，将底片放入底片夹。

把底片夹从放大机机头中抽出，将底片放入底片夹，底片放置时，乳剂朝下方，底片的顶部还应朝着自己,这样才能使投射到相纸上的影像不会颠倒。之后,将装好底片的底片夹插入放大机机头中(见图8-48)。

抽出底片夹

放入底片

插入底片夹

图8-48 将底片放入底片夹

第三步,调整放大机机头高度和对应的放大机参数。

根据所放相片的大小,升高或降低放大机机头,并调节好放大尺板的尺寸(见图8-49)。

调整放大机机头

调整放大尺板的尺寸

图8-49 调整

第四步,对焦。

用一张空白的相纸放入放大尺板的滑尺下,转动放大机对焦旋钮,直到把焦点调到最清晰。对焦时,光圈应开到最大位置,便于观察影像的对焦和裁剪(见图8-50)。

第五步,调节镜头光圈和设定曝光时间。

在底片密度、反差正常的情况下,推荐光圈设置在f8,曝光时间是随机头的高低增加或减少;底片密度、反差大时,光圈设置就应大一些,反之就应该小一些(见图8-51)。

第六步,放入相纸。

图 8-50　对焦

调节光圈

设定曝光时间

图 8-51　调节镜头光圈和设定曝光时间

把对焦用的空白相纸取出，关闭放大机灯后，放入一张新的放大纸，放大纸乳剂面朝上（反光的一面是乳剂面）（见图 8-52）。

图 8-52　放入相纸

第七步，曝光。

按动曝光定时器上的曝光按钮，放大机上的放大灯开启，并按设定的时间自动对相纸曝光。时间一到，放大灯会自动熄灭，曝光完成(见图8-53)。

图 8-53　曝光

8.14　黑白照片冲洗方法

放大照片中，感光的相纸仍然是看不见影像的，只有把它进行显影后才能看到；而显影、停显、定影、水洗和干燥又是放大冲洗的完整工序，只有经过了这些工序才标志着一张照片的诞生(见图8-54)。

图 8-54　黑白照片冲洗

8.14.1　显影

黑白相纸经过感光后，就可放入显影液中进行显影。常用显影液型号为 D72，温度为 20℃，显影时间为 2 分钟最佳，并注意翻动相纸，使其充分均匀显影。在整个过程中，随着时间的延长，影像会由浅到深慢慢呈现出来。当影像的反差、层次、质感达到最佳时就应停止显影。这里特别要指出的是如果出现两个极端效果时，就应在放大曝光环节中重新设置曝光的光圈和时间。如果在显影时相纸很快变成全黑，说明曝光过度，需要缩小光圈或者减少曝光时间；如果在显影时相纸放入显影液中 2 分钟后影像的反差、层次还不够理想或者完全不出来，说明对相纸的曝光不足，需增大光圈或增加曝光时间（见图 8-55）。

正常曝光效果　　　　　　　　曝光过度效果　　　　　　　　曝光不足效果

图 8-55　显影

8.14.2　停显

停显的作用有两个。其一，照片放入停显液后，会立即停止显影，以便观察显影效果，如认为显影不够，还可用清水洗一下继续放回显影液中显影。其二，是起到显影过渡到定影的中间缓冲的作用，避免更多的显影液直接进入定影液，使定影较早失败。停显液的配置可按 1000ml 清水加入 30ml 冰醋酸调配。如果未配置也可用清水代替。操作方法为，将照片从显影液中取出直接放入停显液，时间控制在 15 秒左右。

8.14.3　定影

停显完毕后，将照片浸入定影液。常用于黑白照片定影的药液与冲胶卷的定影药液相同，型号为"F5"，时间为 15 分钟，温度为 14℃～24℃。如果温度低于 14℃，可适当延长定影时间，如果温度高于 24℃可适当缩短定影时间。定影过程中也应时常翻动照片，使其彻底定影。

8.14.4 水洗

定影后，必须经过彻底的水洗。宜用流水冲洗，作用是冲洗掉照片上所有残留的化学药品，否则会发黄，保存时间不长。在20℃左右的水温下冲洗半个小时最佳。冲洗时注意时常翻动照片，这样可使照片彻底冲洗，也可防止由于冲洗盆中的照片过多产生粘连现象。

8.14.5 干燥

水洗完成后，应将照片上的水分彻底去掉。可用吸水纸、海绵擦干，并用夹子将照片平衡夹在固定物(铁丝、绳子)上自然晾干，这样便于保存(见图 8-56)。

图 8-56　干燥

本章思考与练习

1. 冲洗黑白胶卷有哪几个步骤？

2. 黑白胶卷在显影过程中应注意哪些问题？

3. 放大机的结构是怎样的？

4. 放大黑白照片有哪几个步骤？

5. 如果照片经过显影后密度过大或过小，应如何调整放大机的曝光？

6. 目前，我国生产的黑白放大相纸有 1 号、2 号、3 号、4 号，在放相时，应如何选择？